ENERGÍAS
RENOVABLES

INNOVANT PUBLISHING
SC Trade Center: Av. de Les Corts Catalanes 5-7
08174, Sant Cugat del Vallès, Barcelona, España
© 2021, Innovant Publishing
© 2021, Trialtea USA, L.C.

Director general: Xavier Ferreres
Director editorial: Pablo Montañez
Coordinación editorial: Adriana Narváez
Producción: Xavier Clos

Diseño de maqueta: Oriol Figueras
Maquetación: Mariana Valladares
Equipo de redacción:
Autoría: Ing. Gerardo F. González
Edición: Monica Deleis
Corrección: Martín Vittón
Coordinación editorial: Adriana Narváez
Ilustración: Federico Combi (págs. 45, 48-49, 68-69, 75, 91, 115)
Créditos fotográficos: "Presa de Karahnjukar" (©Sisgeo), "Karahnjukar dam
construction hydroelectric power plant" (©Shutterstock), "Group people team
pulling line playing" (©Shutterstock), "Background concept illustration energy
physics power" (©Shutterstock), "Illustrator Physic Kinetic Energy formula example"
(©Shutterstock), "Conservation energy simple pendulums when pendulum"
(©Shutterstock), "Powerful sound set back young woman" (©Shutterstock),
"Thermographic image human face neck showing" (©Shutterstock), "Sketch physics
lab working little people" (©Shutterstock), "Close male hand holding horseshoe
magnet" (©Shutterstock), "Nuclear energy fission fusion concept diagram"
(©Shutterstock), "Archer bowman silhouette set vector" (©Shutterstock), "Eruption
strokkur geyser iceland winter cold" (©Shutterstock), "Geothermal power iceland"
(©Shutterstock), "Evolution concept greening world infographics" (©Shutterstock),
"Go green colorful city industry sustainable" (©Shutterstock), "Atom scientific poster
atomic structure nucleus" (©Shutterstock), "Opened electric motor" (©Shutterstock),
"Electric motor disassembled state 3D illustration" (©Shutterstock), "Gas turbine
electrical power plant dusk" (©Shutterstock), "Power plant transformation station
multitude cables" (©Shutterstock), "Evening electricity pylon silhouette very
beautiful" (©Shutterstock), "Medium voltage network owned" (©Shutterstock),
"Electric poles cables distribution electricity homes" (©Shutterstock), "Electrical
power transformer high voltage substation" (©Shutterstock), "Aerial view electric
pylon countryside" (©Shutterstock), "Yellow PVC pipeline cable systems buried"
(©Shutterstock), "Heliostatic field against bright blue sky" (©Shutterstock), "Solar
thermal power plant business" (©Shutterstock), "Solar power station Sanlucar, Seville,
Spain" (©Shutterstock), "Bright colored textured stucco background" (©Shutterstock),
"Seville, Spain, June 5, 2017, Solar" (©Shutterstock), "Rustic Watermill Wheel"
(©Shutterstock), "Low Poly Hydroelectric Power Station" (©Shutterstock),
"Craig goch highest upstream series dams" (©Shutterstock), "Hálslón Reservoir
Outlines" (©Sisgeo), "Iceland road map" (©Shutterstock), "Karahnjukar Gorge
end dam Reservoir Hydroelectric" (©Shutterstock), "KARANIJUKAR Hydroelectric
Project" (©Sisgeo), "Male hands holding green hill wind" (©Shutterstock), "Eolic
energy alternative sustainable park" (©Shutterstock), "Colorful Spring Landscape
Netherlands Europe Famous" (©Shutterstock), "How Work Wind Turbine Infographics
Windmill" (©Shutterstock), "Wind turbine blades awaiting assembly" (©Shutterstock),
"Wind turbine blade" (©Shutterstock), "Inspection engineers preparing rappel
down rotor" (©Shutterstock), "Wind Powerplants Gobi Desert Gansu Province"
(©Shutterstock), "Man gives earth globe child world" (©Shutterstock).

ISBN: 978-1-68165-886-5
Library of Congress: 2021933744

Impreso en Estados Unidos de América
Printed in the United States

ÍNDICE

INTRODUCCIÓN

En la mitología griega, los anemoi eran los dioses del viento que se correspondían con los cuatro puntos cardinales, y también aparece Eolo relacionado –confusamente– con el reinado del viento. Helio era la personificación del Sol, y Poseidón, el gran dios de los mares. En esta obra no hablaremos de mitología griega, sino del mágico poder que estos dioses ejercían –o siguen ejerciendo– sobre Gaia, diosa que representa a nuestro querido planeta Tierra.

Esos mágicos poderes son lo que hoy llamamos energías primarias: viento, calor solar, luz solar, mareas, olas y corrientes de agua. Veremos cómo a esos «poderes mágicos» que nos regala la naturaleza podemos convertirlos en energía eléctrica sin dañar a Gaia, nuestra Tierra. Se trata de recursos abundantes, renovables, inagotables (ya que son renovables) y limpios, y también ayudan a disminuir las emisiones de gases de efecto invernadero y dan a la población la posibilidad de usarlos gratuitamente, ya que los dioses no nos pasan factura alguna por ello.

En esta travesía veremos que la física y la química se han dedicado al estudio de las energías primarias para un mejor aprovechamiento. También distinguiremos los distintos tipos de energía para abordar un concepto central para nuestro análisis: la energía es una fuente invariante, ya que no se puede consumir sino transformarse. Dentro de estas trasformaciones, profundizaremos en la energía eléctrica, responsable de dar vida y movimiento a casi todo lo que nos rodea. Y analizaremos tres formas de obtenerla a partir de los recursos naturales que nos dan el Sol, el viento y las corrientes de agua como ríos y arroyos.

1

¿QUÉ ES LA ENERGÍA?

Definiciones y características

Solemos usar la palabra energía de muchas maneras diferentes: para expresar que alguien o algo tiene mucha fuerza o potencia, o posee una gran resistencia. También, para describir una personalidad muy activa, de quien hace muchas cosas y no se cansa fácilmente. Pero ¿a qué nos referimos en realidad cuando decimos «energía»?

Asociamos la energía
a fuerza, potencia,
resistencia, actividad.

Existen diferentes significados y usos para la palabra *energía*, pero siempre se la considera como la fuerza de acción o fuerza de trabajo que provoca cambios en algo, ya sea materia, organismos, objetos o personas, entre otros. Según su etimología, el término proviene del griego ἐνέργεια (*enérgeia*), que significa actividad, operación, y de ἐνεργός (*energós*), que da la idea de fuerza de acción o fuerza de trabajo. En tecnología y economía, *energía* se refiere a un recurso natural (incluida su tecnología asociada) para poder extraerla, transformarla y darle un uso industrial o económico. Desde el punto de vista físico-químico, decimos que es la capacidad que tienen los cuerpos de producir cambios a su alrededor, de producir trabajo en forma de movimiento, luz, calor, etc. La energía siempre se manifiesta mediante un cambio, una transformación.

En sus diversas acepciones y definiciones, encontramos que el término está relacionado con la idea de una capacidad para obrar, surgir, transformar o poner en movimiento. Así, entendemos por *energía* todas las fuerzas capaces de movilizar, transformar, hacer surgir o mantener en funcionamiento un objeto.

La energía es un elemento básico y fundamental en nuestras vidas. Mueve los automóviles para que circulen por una

10

autopista, hace volar los aviones, nos da luz en nuestro hogar, permite que podamos ver TV, da vida a nuestros electrodomésticos y teléfonos celulares, al Internet y al Internet de las Cosas (IoT). Y está dentro de nosotros para movernos y vivir día a día. En todos los casos, es un término que rápidamente asociamos a la idea de fuerza, potencia, movimiento, resistencia y actividad.

La energía es medible o mensurable, y también interviene en toda forma de acción o reacción. El desplazamiento, las reacciones químicas, los cambios de estado de la materia (líquido, gaseoso y sólido) e incluso el estado de reposo tienen su explicación en cierta cantidad de energía, de un tipo específico, utilizada para dicha transformación.

Una característica fundamental de la energía es que no puede crearse ni destruirse, tal como enuncia el principio de conservación de la energía, desarrollado en 1847 por el físico inglés James Joule. En física, el término *conservación* refiere a algo que no cambia, tiene el mismo valor antes y después de un evento. Este principio establece que la cantidad total de energía en un sistema aislado (sin interacción con otros sistemas) permanecerá siempre igual, y será la misma antes y después de cada transformación. Por eso, en el Universo, la energía no puede crearse ni destruirse: solo puede transformarse en otras formas de energía, como la eléctrica en calórica al utilizar una estufa eléctrica en el hogar. Este principio es válido, además, en el campo de la química, ya que la energía presente en una reacción química tiende siempre a conservarse, al igual que la masa, excepto en los casos en que esta última se transforme en energía, como lo indica la famosa fórmula de Albert Einstein: la energía es igual a la masa por la velocidad de la luz al cuadrado (base de la teoría de la relatividad). Gracias a este principio, concluimos que la energía no se pierde sino que se transforma en otro tipo de energía, y el hecho de que no pueda crearse ni destruirse indica que no permanece inmutable sino que es transformable. Es por ello que la energía puede transformarse de un tipo en otro, como ocurre cuando usamos energía eléctrica para iluminar un cuarto (energía lumínica) o cuando enchufamos la plancha para alisar una prenda y la energía eléctrica se transforma en calórica. No obstante, algunas de estas transformaciones

12

convierten formas de energía más sofisticadas en formas más ordinarias (como la calórica). A este proceso se lo conoce como «degradación energética».

Afortunadamente, la energía puede almacenarse para usos posteriores, ya sea mediante la acumulación de sustancias, como los hidrocarburos y las sustancias combustibles, que pueden luego exponerse al oxígeno (combustión) para liberar enormes cantidades de energía, o en baterías, como se recolecta la energía eléctrica.

Los seres vivos también almacenan energía, y lo hacen a través de la creación de grasas (lípidos), una sustancia que luego será «quemada» o reconvertida en azúcares para seguir obteniendo energía química y mantener el ciclo de la vida, que requiere el consumo de distintas energías.

LA ENERGÍA CINÉTICA Y LA ENERGÍA POTENCIAL

A fin de estructurar una sencilla definición de *energía* en la que todos podamos coincidir, mencionamos sus características y así generamos una ramificación de conceptos fundamentales que hacen que la «energía» sea el elemento vital que da vida a la naturaleza y a todo lo existente en el mundo en el que vivimos, incluido lo desarrollado y creado por el ser humano.

Una de las características que nombramos es que no existe un solo tipo de energía sino muchas. Aunque a primera vista no nos parezca así, esta puede llegar a ser la característica más importante, ya que es el principio básico de la energía: nada se pierde, todo se transforma. Esto nos indica que, indefectiblemente, cualquier energía que utilicemos será transformada en algún otro tipo de energía. Entonces, ¿no se puede crear energía? ¿La energía está entre nosotros? ¿Solo podemos tomarla y transformarla? Así es.

Veremos sucintamente los diferentes tipos de energía que encontramos –desde un enfoque físico-químico–, sin entrar en demasiadas complejidades técnicas, para luego concentrarnos en la energía eléctrica, las formas de generarla, su ciclo de vida y, principalmente, la forma de producirla de manera sana y renovable.

Tipos de energía y su principio básico de conservación.

gy
phenomena
systems
amount
physical
expenditure
organism
forms
kinetic
permitted
quantity
running
total
activi
gravitation
average
stored
certain
reacted
passenger
perhaps
feel
ranges
living
must
widespread
bodies
one
cells
randomly
elements
atmosphere
responsible
solar
remains
fact
rate
may
various
provides
molecular
degrees
primarily
structures
interior
per
stella
postulated
sciences
small
around
basal
mountain
subject
driven
Within
electromagnetic
cell
applies
ray
fusion
scale

En física y química, existen básicamente dos tipos de energía: la cinética y la potencial. Todas las otras formas se desprenden de alguna combinación de estas dos, por ejemplo, la energía mecánica. La cinética es la energía asociada al movimiento. En la naturaleza podemos encontrarla en el agua de los ríos, en las olas de la playa (mareas) y en el viento. En la vida cotidiana se utiliza en los automóviles, trenes, aviones o cualquier objeto en movimiento, incluso la usamos al caminar o correr. Está relacionada directamente con la masa del cuerpo en movimiento y con su velocidad de desplazamiento elevada al cuadrado. En consecuencia, podemos decir que la energía cinética de un objeto en movimiento está directamente relacionada con su masa y su velocidad. Por lo tanto, un auto estacionado carece de energía cinética pero, al circular a una velocidad de 40 km/h, ya lleva consigo una energía cinética asociada, que es inferior a la de un camión que circula a la misma velocidad, debido a la diferencia de masa entre ambos. Asimismo, si ese vehículo duplica su velocidad de circulación (80 km/h), tendrá una energía superior al doble que la anterior, pues la energía cinética se relaciona con el cuadrado de la velocidad, por lo cual su energía pasará a ser el cuádruple, y el potencial de destrucción será cuatro veces mayor en caso de accidente. Esta energía aumenta nueve veces en caso de triplicar su velocidad, a 120 km/h. Por eso es tan importante tomar conciencia acerca de la velocidad de un vehículo en una calle o carretera.

Por su parte, la energía eólica es un caso particular de energía cinética, ya que es el viento el que produce el movimiento de las palas de un aerogenerador, y ese movimiento es transformado en energía eléctrica, como veremos más adelante.

En cambio, la energía potencial es la que posee un cuerpo con respecto a un punto de referencia, es decir, la posición relativa a ese punto. Por ejemplo, una roca ubicada en la cima de una montaña tiene mayor energía potencial que si estuviera situada en la base. Para entenderlo, el ejemplo más sencillo es la energía potencial gravitacional. Este tipo se relaciona directamente con la superficie de la Tierra. Está definida por el producto de la masa del objeto por su aceleración (en este caso, es la aceleración de la gravedad, denominada «g»), por la altura a la que se encuentre

FÓRMULA DE ENERGÍA CINÉTICA

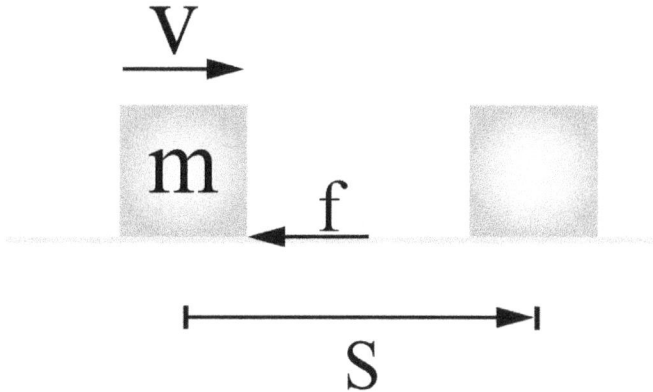

$$\overrightarrow{V}$$

m

$$\overleftarrow{f}$$

$$\longmapsto\!\!\!\!\longrightarrow$$

S

$$E_k = \frac{1}{2}mv^2$$

$$\text{Energía cinética} = \frac{1}{2} \times \text{masa} \times \text{velocidad}^2$$

17

La energía aumenta con relación al cuadrado de la velocidad,
ya que es directamente proporcional a ella.

---

de la superficie de la Tierra. Claramente, un objeto situado en el quinto piso de un edificio tiene una energía potencial superior respecto de la calle que de un patio o una terraza ubicados en un segundo piso del mismo edificio. La energía hidráulica es un ejemplo de energía potencial, ya que el agua almacenada o contenida en reservorios elevados, como en las represas, posee energía potencial gravitacional. Al caer, transforma su energía potencial en energía cinética al realizar un trabajo sobre las turbinas dispuestas en el fondo de la represa.

En síntesis, la energía cinética está asociada con el movimiento, y la energía potencial, con la posición respecto a un punto de referencia. En la siguiente imagen está claramente representado este concepto en el movimiento de un péndulo, que

CONSERVACIÓN DE LA ENERGÍA

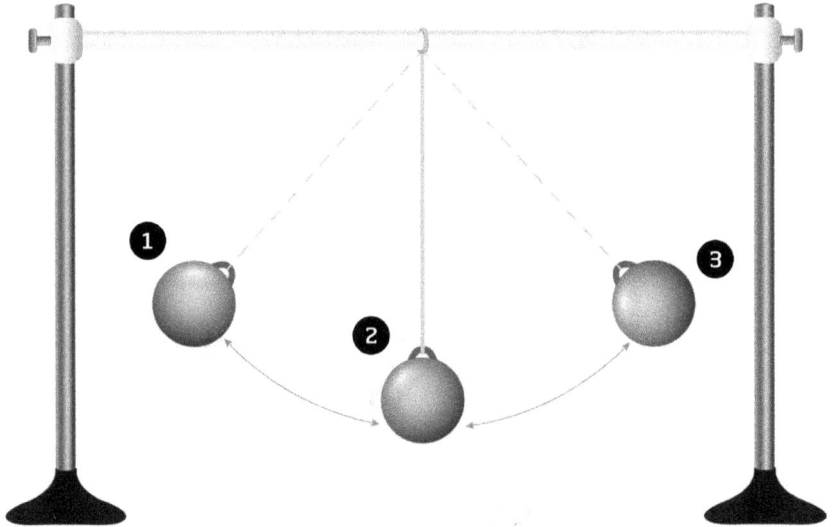

18   **Intercambio de energía potencial y cinética.**

1. Energía potencial máxima (altura máxima y velocidad=0)
2. Energía cinética máxima (velocidad máxima y altura=0)
3. Energía potencial máxima (energía cinética=0)

---

alcanza su máxima energía potencial en un extremo (máxima altura y movimiento cero) y su máximo de energía cinética en el extremo inferior dado por la longitud del hilo (movimiento de máxima velocidad y altura cero).

Estos dos grandes tipos de energía, solos o combinados, son los que generan otros, y corroboran de este modo el principio de que la energía no se pierde sino que se transforma. Asimismo, todo tipo de energía puede ser generada, almacenada, transferida y transportada de un lugar a otro, o de un objeto a otro, de diferentes maneras, como veremos en detalle al analizar el ciclo de vida de la energía.

De esta manera se obtienen los diferentes tipos de energía que nos resultan familiares en nuestra vida diaria, como la energía eléctrica, la hidráulica, la eólica y la calórica.

TIPOS DE ENERGÍA

Con el fin de comprender mejor tanto este proceso como el principio de conservación de la energía, veamos algunos tipos derivados de la combinación de la energía cinética y la potencial.

ENERGÍA MECÁNICA

Se asocia al movimiento y a la posición de un objeto. Por ejemplo, el carrito de una montaña rusa posee energía mecánica expresada como la suma de la energía potencial, cuando el carrito se encuentra en el tope de la montaña, y de la energía cinética, cuando adquiere velocidad en la caída. En todo momento la energía mecánica se conservará, será la misma, mientras que las variables serán las energías potencial y cinética, según la altura y la velocidad del carro, que se alternan durante el recorrido.

ENERGÍA SONORA O ACÚSTICA

La música no solo puede relajarnos o impulsarnos a bailar, sino que el sonido también contiene energía. El sonido es el movimiento de energía a través de un medio (aire, fluidos o de un sólido) que emite ondas longitudinales. Se produce cuando una fuerza hace que un objeto o sustancia vibre y, por lo tanto, la energía se transfiera en ondas que se propagan a través de ese medio o sustancia.

La energía sonora es la que obtenemos al producir el sonido. Se refleja como un tren de ondas que vibran a través de diversos medios, como el agua, el aire y los materiales sólidos. Podemos decir que es una forma de energía mecánica por cuanto involucra la vibración de las partículas y la distancia que recorren.

Este tipo de energía se utiliza en el sistema conocido como sonar (acrónimo de Sound Navigation and Ranging), el cual permite la navegación y la comunicación y detección de objetos sumergidos empleando ondas sonoras. Puede usarse como medio de localización acústica y funciona de forma similar al radar (acrónimo de Radio Detection and Ranging), solo que este utiliza ondas sonoras en lugar de electromagnéticas. El término *sonar* refiere al equipo que se emplea para generar y recibir el sonido de carácter infrasonoro (frecuencia por debajo del rango audible para el

Vibración de un parlante que emite ondas sonoras en el aire.

oído humano). Existen algunos tipos de sonares que no abarcan el espectro del oído humano (40 Hz – 20 kHz), así como otros pueden comprender varias gamas de alta frecuencia (80 kHz – 350 kHz). Estos últimos ganan en precisión a la hora de hallar un objeto, pero a costa de reducir el alcance de su campo de acción. Algunos animales (como los delfines y los murciélagos) utilizan el sonido para la detección de objetos desde hace millones de años, pero su uso por parte de los humanos fue registrado por primera vez en 1490. ¿Por quién? Claro, por Leonardo da Vinci.

El uso del sonido para la ecolocalización submarina de objetos tomó mayor impulso luego del desastre del *Titanic*, en 1912. La primera patente en el mundo para un dispositivo de este tipo fue registrada en la Oficina Británica de Patentes un mes después del hundimiento del tristemente afamado transatlántico. Dos años más tarde, un ingeniero canadiense construyó un sistema experimental que podía detectar un *iceberg* a 2 millas de distancia, aunque no lograba determinar con exactitud en qué dirección se encontraba. Hacia el inicio de la Segunda Guerra Mundial, la Marina Real Británica contaba con varios equipos colocados en buques de superficie y submarinos, y eran parte de un sistema de ataque antisubmarino. Esta tecnología británica de sonar fue transferida a Estados Unidos y, a partir de entonces, se desarrollaron muchos nuevos tipos de sonares militares que con el tiempo empezaron a trasladarse al uso civil. Fue durante la Segunda Guerra que en Estados Unidos se creó este acrónimo para referirse a sus sistemas como equivalente al de radar. En 1948, con la formación de la Organización del Tratado del Atlántico Norte (OTAN), la estandarización de señales adoptó el término *sonar* definitivamente. También se usa en las ecografías *doppler* (*ecodoppler*), una variación de la ecografía tradicional que se basa en el ultrasonido y que permite visualizar la velocidad del flujo que atraviesa los vasos sanguíneos y su dirección.

ENERGÍA TÉRMICA

Se la conoce como la energía que proviene de la temperatura de la materia. Los átomos y moléculas que componen una materia o sustancia están en un constante movimiento que denominamos «vibración». Cuanto más caliente está una sustancia, mayor

El sonido es el movimiento de energía a través de un medio (aire, fluidos o de un sólido) que emite ondas longitudinales. Se produce cuando una fuerza hace que un objeto o sustancia vibre y, por lo tanto, la energía se transfiere en ondas que se propagan a través de ese medio o sustancia.

cantidad de sus moléculas vibran y, en consecuencia, mayor es su energía térmica. Esta vibración es la que produce calor. Podemos medir esta energía con un termómetro, pues la temperatura es una consecuencia de ese movimiento. Un cuerpo con una temperatura de 50 °C tendrá más energía térmica que el mismo cuerpo a 0 °C. Este proceso se puede dar por tres fenómenos:

23

- Radiación. Se transfiere calor por medio de radiaciones infrarrojas de un cuerpo o sustancia a otro, sin contacto entre los cuerpos ni el fluido que los contiene o separa.
- Conducción. Se produce transferencia por contacto directo de dos cuerpos a temperaturas diferentes.
- Convección. Se transfiere calor a través del aire o de un fluido en el que se encuentran dos cuerpos.

Imaginemos una taza de té caliente. El té posee energía térmica en forma de energía cinética por sus partículas vibrantes, dada la temperatura a la que fue sometido. Al verter un poco de leche fría dentro de la taza, parte de esa energía se transfiere desde el té caliente a la leche. Así, la taza estará más fría porque cedió calor debido a la leche fría. Si consideramos el principio fundamental de la conservación de la energía, podemos afirmar que la leche fría ganó calor por la energía transferida desde el té, y así el conjunto té-leche pasó a tener una temperatura más agradable para poder saborearlo sin dañar nuestro cuerpo con el exceso de energía térmica. Este es un típico caso de transferencia térmica por conducción, ya que ambas sustancias (té y leche) entraron en contacto directo.

Emisión de ondas térmicas
del cuerpo humano.

Cuando en invierno disfrutamos del calor de una estufa eléctrica, llevamos a cabo el proceso de convección para calentar el aire del ambiente. De igual manera hacen uso de la convección los globos aerostáticos, que para poder mantenerse en el aire deben calentar el que encierran dentro del globo propiamente dicho, lo que hace que este sea más liviano que el que está por fuera, y así el globo se eleva. Si el aire se enfría, el globo comienza a caer, ya que es más pesado que el aire caliente. Podemos comprobar este fenómeno en verano, en nuestros hogares, cuando utilizamos los aires acondicionados. Dado que el aire caliente es más liviano, queda «pegado al techo», mientras que el aire frío desciende por ser más pesado. Por esta razón los aires acondicionados se sitúan cerca del techo, y las estufas, cerca del piso.

También dentro del hogar tenemos un claro ejemplo de convección: el horno de microondas. Este aparato utiliza la radiación para calentar los alimentos que colocamos en su interior, y lo hace por medio de ondas electromagnéticas.

Nuestro cuerpo emite ondas térmicas acordes a la temperatura de las distintas partes. En la fotografía térmica es posible apreciar diferentes colores: cada uno representa distintas temperaturas, ya que no tenemos la misma cantidad de piel y carne en cada parte del cuerpo, y en consecuencia la temperatura no es uniforme en cada centímetro cuadrado del cuerpo. Además, emitimos ondas de calor según nuestra temperatura corporal (no será lo mismo luego de estar en la playa expuesto al sol que al salir del mar o de una piscina con agua fresca).

ENERGÍA QUÍMICA

Es la energía que permite realizar las uniones atómicas y las reacciones moleculares. Es indispensable para la vida, ya que mantiene en funcionamiento el metabolismo de los seres vivos. La encontramos también en elementos como el petróleo, el gas

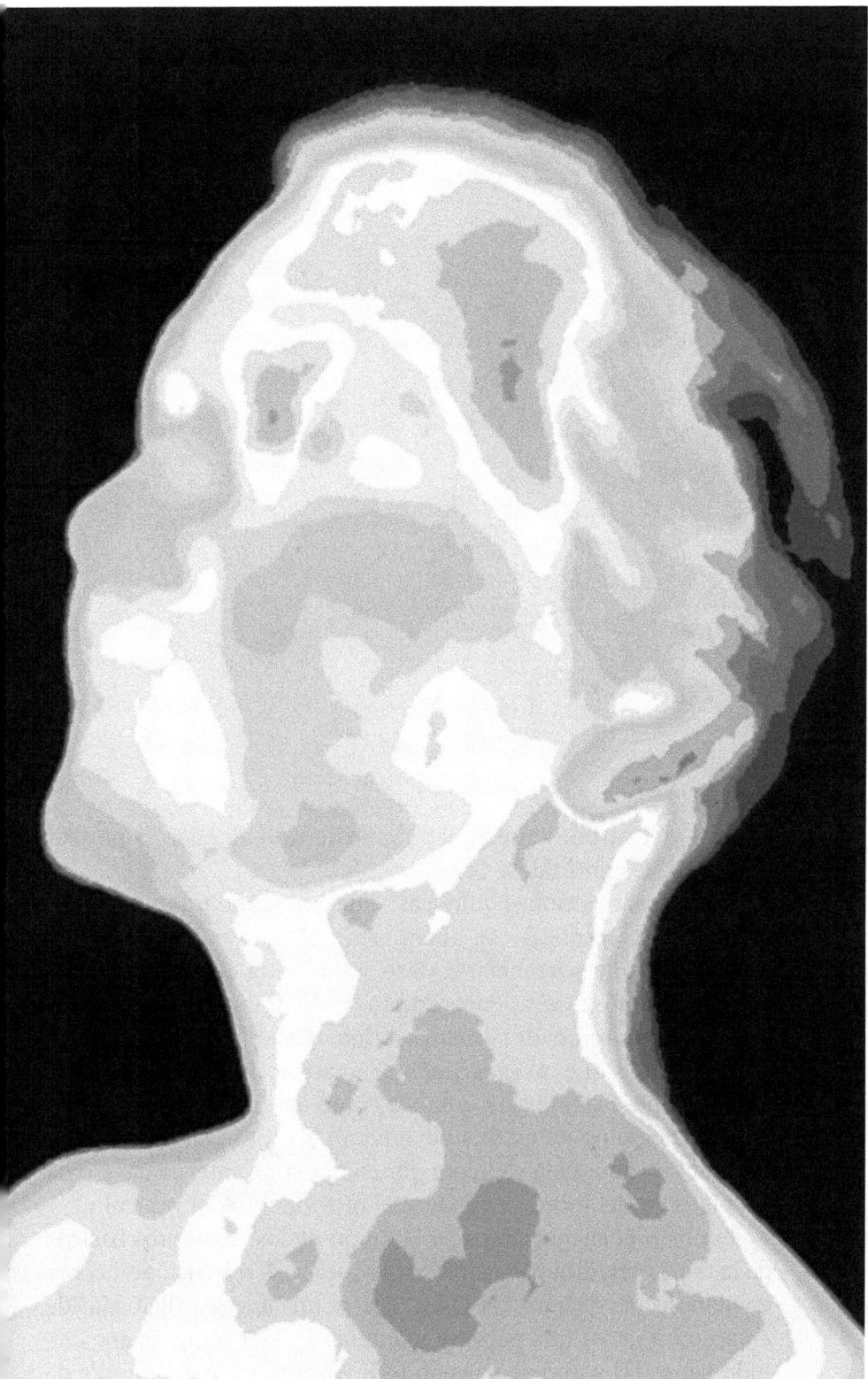

Representacion de los distintos
tipos de energía.

natural y el carbón, que almacenan este tipo de energía por ser combustibles naturales.

En ciertas reacciones químicas –que a menudo producen calor (reacción exotérmica)– se libera esta energía, y una vez que es liberada de una sustancia, esta se transforma en una sustancia completamente nueva. Por ejemplo, el combustible que utilizamos en los automóviles (gas, gasolina, diésel) es una mezcla de hidrocarburos que, al experimentar una reacción de combustión interna, libera su energía química como energía térmica, la cual se utiliza para poner en funcionamiento el motor. La energía química del combustible se libera por combustión interna dentro de los pistones del motor, y produce el movimiento del vehículo.

También la encontramos en la unión de los elementos básicos de la tabla periódica para conformar sustancias o soluciones, como en la molécula de agua (H-O-H). Existe una energía (llamada «de enlace químico») que permite mantener unidos a dos átomos de hidrógeno (H) y uno de oxígeno (O), y forma así una molécula de

agua. Esta es mensurable, y esa medida posibilita saber cuánta energía necesitamos aplicar para romper el enlace en un mol de agua. Cada enlace en una molécula tendrá su propia energía de disociación: por ejemplo, una molécula con cuatro enlaces necesitará más energía para romperse que una molécula con un enlace solo.

ENERGÍA MAGNÉTICA

Este tipo se origina en los imanes, que crean campos magnéticos permanentes a su alrededor y se utilizan como fuente energética. Esta energía es la responsable de atraer metales.

Cada imán posee dos regiones opuestas, positivas y negativas, llamadas polos magnéticos (Norte y Sur). Entre estas regiones se genera un campo magnético, que es el área de acción donde se siente la atracción. El polo positivo atrae al negativo; los polos iguales se repelen. Un ejemplo doméstico lo encontramos en los imanes que se adhieren a la puerta del refrigerador. Otro ejemplo, aunque mucho menos común porque se lo ve en pocas ciudades, es el de los ferrocarriles de tecnología maglev (del inglés *magnetic levitation*). Este sistema incluye la suspensión, guía y propulsión de trenes mediante un gran número de imanes que posibilitan la sustentación y la propulsión en base a la levitación magnética. Este método tiene la ventaja de ser más rápido, suave y silencioso que los sistemas de transporte público sobre ruedas convencionales. La tecnología de levitación magnética tiene la potencialidad de superar los 6.440 km/h dentro de un túnel de vacío. Pero fuera de un túnel de esas características se necesita mucha más energía para vencer la resistencia del aire, como sucede con cualquier otro tipo de tren de alta velocidad. Hasta ahora, la mayor velocidad obtenida fue de 603 km/h en una ruta de Japón.

ENERGÍA NUCLEAR

Podemos decir que es la energía que se almacena en el núcleo del átomo, como resultado de las fuerzas que mantienen unidos los protones y neutrones en él. Esta energía resulta de las reacciones nucleares y de los cambios en los núcleos atómicos. La fisión nuclear y la desintegración radiactiva son ejemplos de este tipo de energía. Es también la energía obtenida por el aprovechamiento del calor liberado por las reacciones de fusión o fisión atómica controlada.

ENERGÍA RADIANTE

También es conocida como energía electromagnética. Es la energía que poseen las ondas electromagnéticas. Cualquier forma de luz tiene esta energía, y esto incluye aquellas partes del espectro que no podemos ver. Se presentan como ondas electromagnéticas que se originan por la vibración simultánea de los electrones en un campo eléctrico y magnético. Estas ondas viajan a la velocidad de la luz, es decir, a 300.000 km/seg.

La radio, los rayos gamma, los rayos X, las microondas y la luz ultravioleta son algunos ejemplos. Las camas de bronceado tienen su fundamentación en la radiación UV para provocar el bronceado de la piel. Cuando nos tomamos una radiografía, somos atravesados por rayos X –invisibles al ojo humano–, que tienen la capacidad de atravesar cuerpos opacos e imprimir películas fotográficas.

Polos de un imán y
atracción de metal.

La imagen se obtiene al exponer el receptor de imagen radiográfica a una fuente de radiación de rayos X. Al interponer un objeto entre la fuente de radiación y la película receptora, las partes más densas aparecen con diferentes tonos dentro de una escala de grises. Sus usos pueden ser médicos, para detectar fisuras en huesos, como también industriales, para la detección de defectos en materiales y soldaduras, como grietas y poros, en especial en tuberías que deben estar perfectamente selladas. Debemos el descubrimiento de los rayos X a Wilhelm Röntgen, quien, al investigar las propiedades de los rayos catódicos, se dio cuenta de la existencia de una nueva fuente de energía hasta entonces desconocida, a la que denominó radiación X. Por este descubrimiento recibió el primer premio Nobel de Física, en 1901.

Se denomina radiación ultravioleta o radiación UV a la radiación electromagnética cuyo rango se sitúa en longitudes de onda más cortas que lo que los humanos identificamos como el color violeta, por eso es invisible al ojo humano, dado que está por encima de su espectro de visibilidad. Esta radiación es parte de los rayos solares. La luz UV que nos broncea la piel en verano es la del tipo UV-A. La radiación UV-C no llega a la superficie porque es absorbida por el oxígeno y el ozono de la atmósfera. La radiación UV-B es parcialmente absorbida por el ozono y solo alcanza a la superficie de la Tierra un porcentaje mínimo, por lo cual la radiación que llega es principalmente la de tipo UV-A.

La luz UV (ultravioleta) del tipo C se suele usar para desinfección. Es algo que se emplea hace mucho tiempo, tanto en medicina como en sectores productivos. Se utilizan tubos de luz ultravioleta-C (UVC) distribuidos acorde al ambiente, de longitud de onda corta y que emiten suficiente energía para destruir el ADN o ARN de cualquier microorganismo que tenga al alcance. Esto permite exponer y esterilizar los espacios o ambientes en un radio de 360 grados y en un tiempo de 10 a 20 minutos. La radiación emitida por este tipo de tecnología es altamente nociva para los seres humanos, por lo cual estos sistemas deben tener algún tipo de sensor asociado que posibilite detectar si una persona ingresa de manera errónea a la habitación o el espacio que se esté desinfectando.

30

ENERGÍA NUCLEAR
Diagrama conceptual de fisión y fusión. División y combinación de átomos.

FISIÓN NUCLEAR

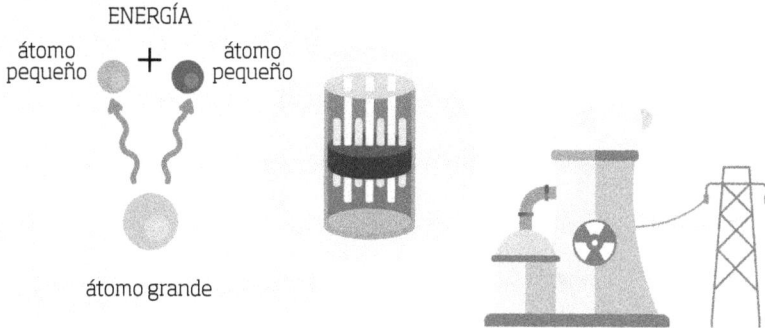

ENERGÍA

átomo
pequeño + átomo
pequeño

átomo grande

FUSIÓN NUCLEAR

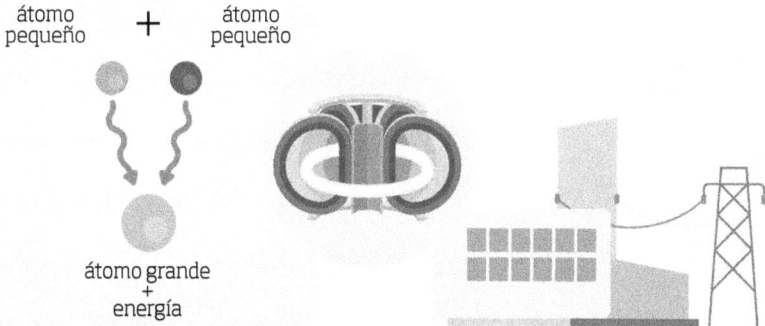

átomo
pequeño + átomo
pequeño

átomo grande
+
energía

ENERGÍA GEOTÉRMICA
Corresponde al calor de la Tierra, una fuente de energía que yace bajo nuestros pies. Aunque se piensa que la energía geotérmica solo se manifiesta en las aguas termales y los géiseres, esta va más allá. El potencial de energía almacenada en el interior de la Tierra se puede aprovechar por medio de los pozos geotérmicos. Uno de los usos más antiguos es la calefacción de espacios de recreación y terapéuticos, con el uso de las aguas termales. Islandia es uno de los países que mayor provecho obtienen de la energía geotérmica.

Erupción de un géiser en Islandia.

34

ENERGÍA POTENCIAL ELÁSTICA

Es una forma de energía potencial, dado que relaciona la condición inicial de un objeto que puede estirarse, comprimirse o retorcerse. Al estirarse una goma o banda elástica, su energía potencial aumenta y así puede cumplir su función. Es también el principio de funcionamiento del arco para impulsar las flechas y de las catapultas para lanzar cualquier objeto que se introduzca en su plato.

ENERGÍA MAREOMOTRIZ

La energía cinética de las corrientes marinas aprovecha el ascenso y el descenso del agua de mar producidos por las fuerzas gravitatorias del Sol y de la Luna, y da origen a la energía mareomotriz. Es una fuente de energía renovable e inagotable.

En general, la energía que podemos obtener de los océanos es poco utilizable. Se la conoce también como energía azul e

Energía potencial elástica en el ciclo de lanzamiento de una flecha por medio de un arco.

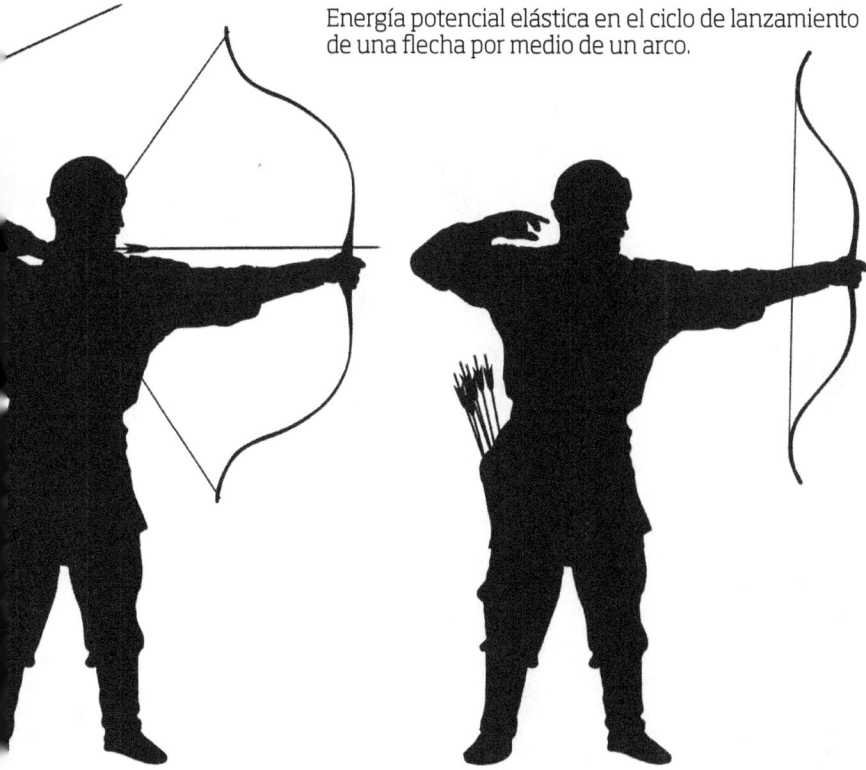

incluye no solo la energía de las mareas sino también la de las corrientes, de las olas y la energía térmica entre la superficie y su profundidad.

El océano es una de las fuentes más abundantes de energía en la Tierra, aunque probablemente la menos explotada. En teoría, los océanos podrían proporcionar energía a todo el planeta, sin contaminar y de forma más confiable y predecible que el Sol y el viento. Esta sin dudas es una forma energética segura, aprovechable y renovable, ya que la fuente de energía primaria no se agota por su explotación, y además es limpia, ya que en la transformación energética no se producen subproductos contaminantes gaseosos, líquidos ni sólidos. Sin embargo, la relación entre la cantidad de energía que se puede obtener con la tecnología y medios actuales, y el costo económico y ambiental de instalar equipamiento para procesarla, hace que aún no sea factible su explotación.

Planta eléctrica geotérmica Hellisheidi, Islandia.
Las tuberías conducen a la central eléctrica.

Evolución ecológica en la producción de energía.

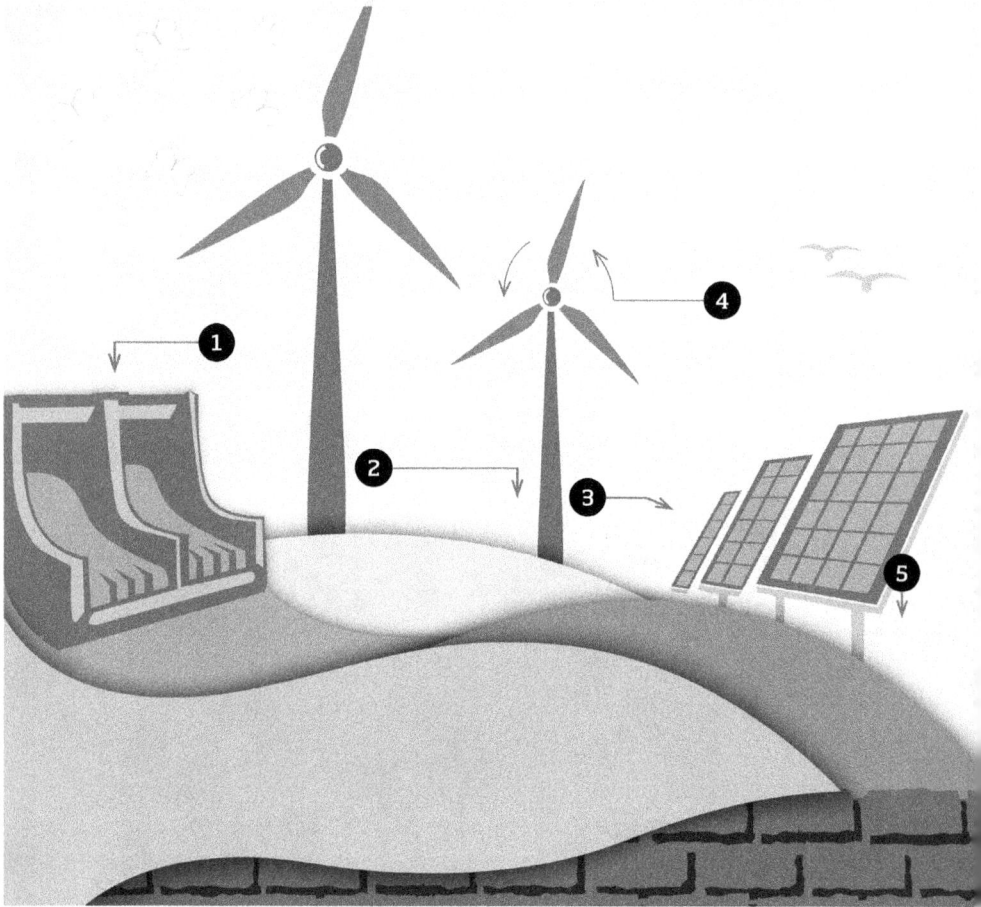

ENERGÍA OSCURA

Esta energía representa aproximadamente el 70% de los componentes del Universo. Su nombre fue acuñado por el cosmólogo Michael Turner (1949-) en 1998. A finales del siglo xx, dos grupos de astrónomos se dedicaron a estudiar un tipo particular de estrellas enanas blancas (supernovas) que explotan con tal intensidad que su brillo supera en miles de millones de veces la luminosidad del Sol. Ambos grupos encontraron que el brillo de las supernovas indicaba que estaban más alejadas que el cálculo inicial obtenido para un universo de materia únicamente. Esta expansión acelerada del Universo se explica por un componente con una presión fuertemente negativa al que se denominó «energía oscura».

LA EVOLUCIÓN VERDE

1. Energía de la corriente o de agua
2. Conversión de energía del viento (eólica) en electricidad
3. Radiación electromagnética del Sol
4. Rotación de las palas de molino de viento (aero)
5. Conversión de energía solar en electricidad
6. Contaminación de petróleo
7. Contaminación ambiental
8. Efecto invernadero
9. Dióxido de carbono

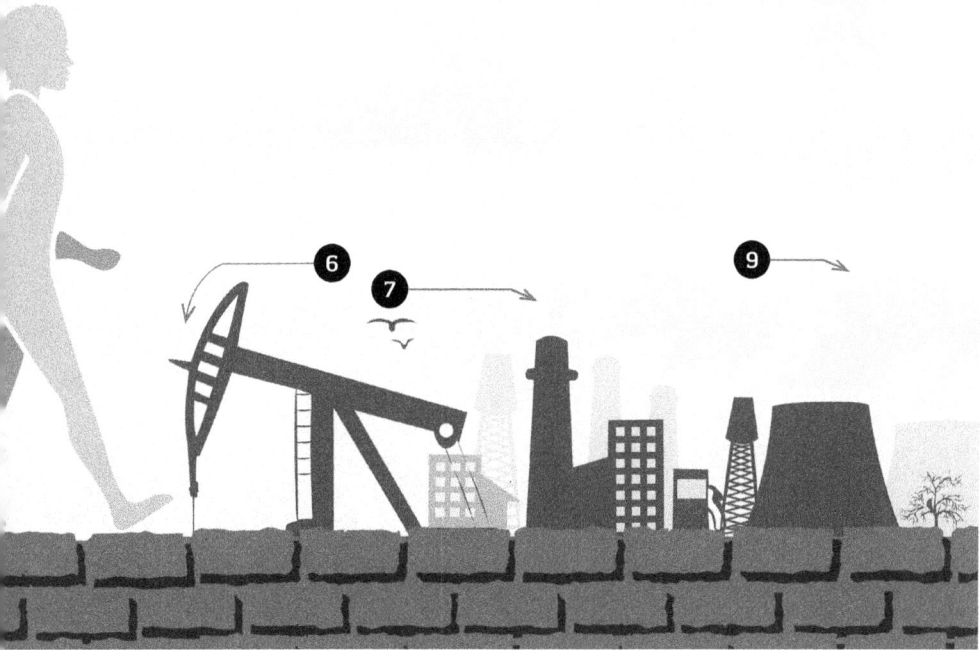

ENERGÍA DE LA MATERIA

En 1905, Albert Einstein (1879-1955) presentó la teoría de la relatividad, de donde derivó la famosa ecuación que afirma que la energía es igual a la masa por la velocidad de la luz al cuadrado. Esta fórmula indica que la masa de un cuerpo (m) es una medida del contenido de energía (E), mientras que la velocidad de la luz en el vacío (c) es una constante igual a aproximadamente 300.000 km/seg. Con esta fórmula se puede calcular la energía liberada en una reacción nuclear. La materia es todo aquello que se extiende en cierta región del espacio-tiempo, que posee energía y está sujeto a cambios en el tiempo. Se considera que está formada por la parte sensible de los objetos perceptibles o detectables por algún medio físico.

ENERGÍAS RENOVABLES PARA PRODUCIR ENERGÍA ELÉCTRICA

Por qué las consideramos sanas, naturales y renovables

La generación industrial de electricidad implicó un profundo cambio de paradigma en la sociedad, y en la actualidad somos hiperdependientes de ella, en casi todos los aspectos de la vida. Pero ¿cuál es su recorrido desde que es generada hasta que llega a nuestros hogares? ¿Cómo es su ciclo de vida?

Energías sanas, renovables y naturales para cuidar nuestro entorno y a nosotros mismos.

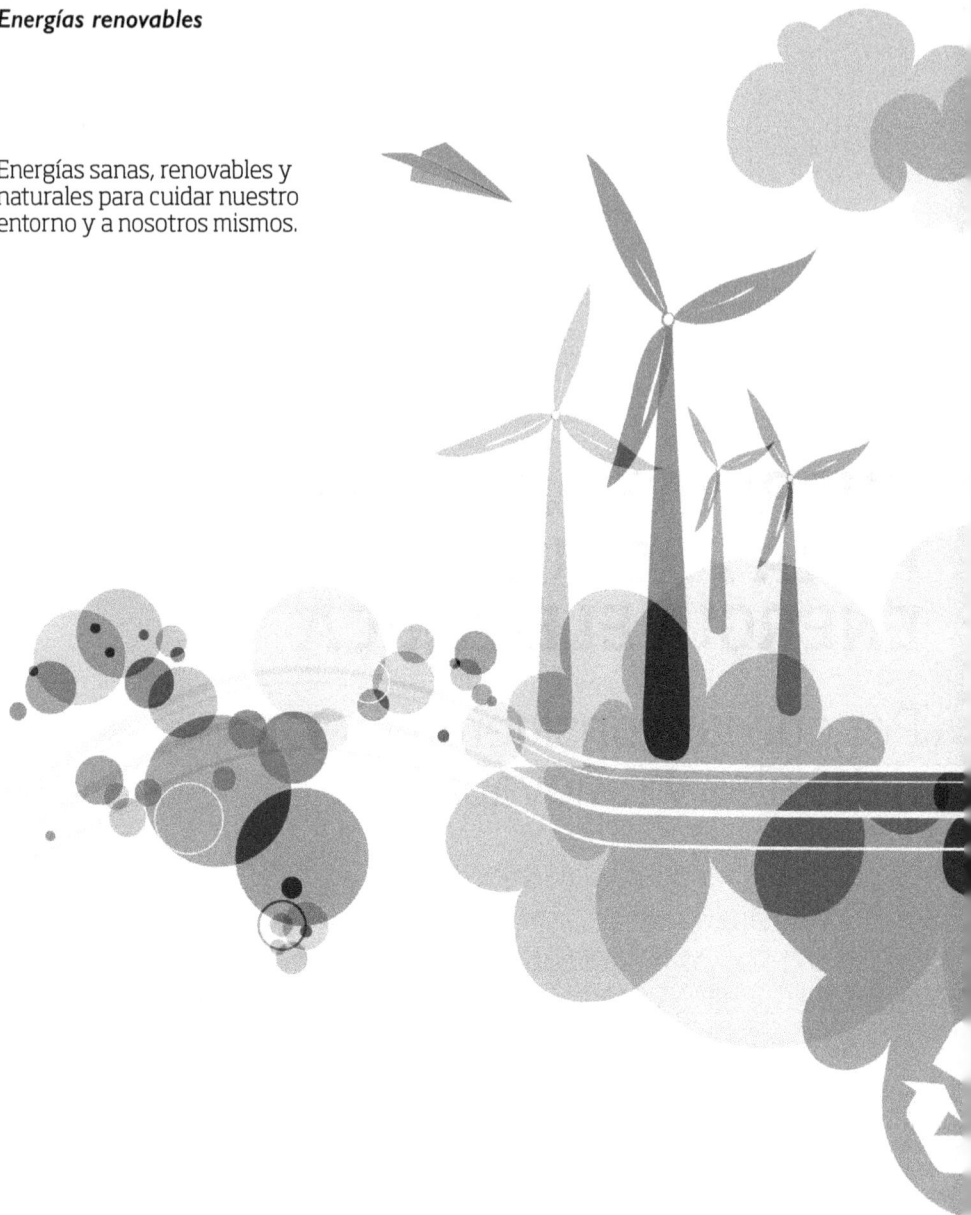

SANA, NATURAL Y RENOVABLE

Algo que es sano nos da idea de salud, limpieza y naturaleza. Este término, *sano*, se usa exactamente por eso, porque son energías no contaminantes, que preservan la salud del humano, las especies y el ambiente. Energías que en todo su proceso cuidan el medio y la vida por su propia naturaleza. También se utiliza el término *limpias* como sinónimo y para remarcar que no generan residuos.

La energía limpia está en pleno desarrollo dada la preocupación actual en el mundo por la preservación del medioambiente y por la crisis de las energías agotables (no renovables), como el gas y el petróleo. Las energías sanas utilizan fuentes naturales como el viento, el Sol y el agua, y las más comúnmente empleadas son la geotérmica (que aprovecha el calor interno del planeta), la eólica, la hidroeléctrica y la solar.

También son naturales porque, como su nombre lo indica, provienen directamente de la naturaleza. A todas esas energías disponibles en la naturaleza las denominamos fuentes de energía primaria. Algunas se pueden usar en forma directa, como el viento para impulsar una embarcación de vela, mientras que otras se usan después de un proceso de extracción y transformación, como el petróleo, del cual se extrae el combustible para los automóviles.

Las fuentes de energía primaria se manifiestan de diversas formas, como la cinética, proveniente de las corrientes de agua, las olas y el viento; la calórica y lumínica, proveniente del Sol; la eléctrica, de las tormentas; la humana y animal, producto del uso directo de su fuerza física; y también se incluyen el carbón, el uranio, el gas natural, el petróleo y la leña, entre otros. En cambio, las fuentes de energía secundaria son el resultado de transformar las fuentes de energía primaria para generar otras. Las más comunes son la electricidad y los derivados del petróleo (nafta, gasoil, asfalto, etc.). La electricidad es una fuente de energía secundaria que puede ser generada a partir de varias fuentes de energía primaria, como las centrales térmicas convencionales que utilizan carbón, gas o gasoil; las centrales nucleares que emplean uranio; las centrales hidroeléctricas que se valen de la energía del agua en movimiento; los parques y las granjas eólicas que aprovechan la energía del viento, y los paneles solares que reciben la energía del Sol.

En función de los recursos que las generan, es posible dividir las fuentes de energía primaria en dos grupos: renovables y no renovables. Los recursos renovables son aquellos que se regeneran en un intervalo de tiempo igual o menor al que demoramos en consumirlos. Se caracterizan por ser fácilmente regenerables, ya sea por procesos naturales o por la acción humana, de modo que existe una cantidad prácticamente indefinida.

Entre las fuentes renovables se encuentran la energía solar, que puede transformarse en electricidad o en calor; la eólica, que se utiliza para bombear agua o para generar electricidad; la geotérmica, que aprovecha el calor del interior de la Tierra y se emplea para generar electricidad; y la hidráulica, también para producir electricidad. Otras fuentes están en una fase experimental, como la mareomotriz, que permite la obtención de electricidad a partir del aprovechamiento del movimiento de las mareas, y la energía undimotriz, que posibilita generar electricidad a partir de la energía producida por el movimiento de las olas.

La principal limitación de las fuentes renovables es su disponibilidad, y depende de cuestiones climáticas o de los ciclos de la naturaleza. Por eso se las considera fuentes alternativas y complementarias a los recursos no renovables de uso cotidiano, ya que la forma de vida actual requiere contar, cada vez más, con energía de manera permanente.

RECURSOS RENOVABLES
Y RECURSOS NO RENOVABLES

Un recurso es un elemento que se utiliza para producir, ya sea de manera directa o indirecta, y por eso posee un valor económico. A la vez, un recurso puede ser potencial, estar en uso o encontrarse en reserva. Los recursos naturales son un tipo de recurso que se utiliza en su estado original o luego de ser procesado. Los recursos y las energías no renovables son aquellos cuya regeneración se da a un ritmo mucho más lento que su consumo, y por ese motivo su cantidad se torna limitada: son agotables. Algunos ejemplos son los combustibles fósiles (petróleo, gas y carbón) y el uranio que se utiliza como fuente para la energía nuclear.

45

En el mundo, los hidrocarburos como el petróleo y el gas natural son una de las principales fuentes de energía utilizada y resultan indispensables para el desarrollo diario de la humanidad. El petróleo, además de ser fundamental para el transporte, es la materia prima para elaborar una abundante cantidad de productos de uso cotidiano, como el asfalto y diversos tipos de plásticos. El gas, por su parte, es necesario para los hogares, las industrias y las centrales termoeléctricas. Si bien estos combustibles tienen origen biológico, se los considera no renovables porque su proceso de formación tarda cientos de millones de años en completarse. Ambos tipos son utilizados en la producción de diferentes tipos de energía, y presentan distintas ventajas, desventajas y características.

LA ENERGÍA ELÉCTRICA

Todos sabemos intuitivamente qué es la energía eléctrica, o electricidad, ya que hacemos uso cotidiano de ella al encender la luz en nuestros hogares, al cargar el celular o usar electrodomésticos.

	Fuentes de energía renovables	Fuentes de energía no renovables
Definición	Son los recursos naturales que pueden renovarse al ritmo de su consumo y se encuentran en una cantidad potencialmente ilimitada. No se agotan o se regeneran más rápido de lo que se consumen.	Son los recursos naturales que no se pueden regenerar al mismo ritmo en que se consumen, por lo que tienen un horizonte de fin previsto.
Reservas	Ilimitadas	Limitadas
Sostenibilidad	Elevada	Baja
Características	• Rápida regeneración. • Es posible que se encuentren en gran cantidad. • Fácil explotación y procesamiento.	• Regeneración lenta o inexistente. • Cantidad limitada.
Ventajas	• Uso y producción amigable con el medioambiente. • Requieren mínima intervención humana. • Desde el punto de vista de la humanidad son ilimitados.	• Generan mucha energía a un costo relativamente bajo. • Relativamente de fácil extracción y manufactura. • Se encuentran en buena cantidad.
Desventajas	• Costo de inversión inicial elevado. • Impredecibles o de difícil predicción en su comportamiento. • Cantidad de generación de energía limitada con la tecnología actual.	• Impactan negativamente al ambiente. • Al agotarse, es imposible regenerarlos. • Disponibles solo en algunas regiones. • Su interdependencia crea conflictos geoeconómicos.
Ejemplos	• Sol, viento, mareas, energía geotérmica. • Aguas en movimiento natural (ríos, deshielos, etc.). • Biomasa y biocombustibles (etanol). • Producción agropecuaria.	• Carbón. • Gas natural (metano). • Petróleo y derivados. • Diferentes minerales y metales. • Algunos depósitos subterráneos de agua.

Desde décadas atrás resulta cada vez más esencial en nuestras vidas, y sin ella, el mundo dejaría de ser tal como lo conocemos.

Sin entrar en grandes complejidades físicas, matemáticas y relacionadas con la ingeniería, podemos decir que la energía eléctrica se produce por el movimiento de cargas eléctricas, específicamente electrones (cargas negativas que giran alrededor del núcleo de los átomos), a través de un cable conductor. Tenemos cargas positivas y negativas, y el movimiento de las cargas negativas produce lo que denominamos corriente.

Su nombre proviene del electrón, que se mueve y produce la corriente. ¿Qué es un electrón? Es una partícula muy pequeña perteneciente al átomo y que lleva una carga de electricidad negativa. Sabemos que las moléculas son la parte más pequeña de una sustancia y están compuestas por átomos unidos entre sí. Los átomos son la porción más pequeña de materia y están conformados por partículas con carga eléctrica negativa (electrones), positiva (protones) y neutra (neutrones). El núcleo del átomo se compone de protones y neutrones, y a su alrededor orbitan electrones, cuyo número varía según el elemento químico. Estos electrones orbitan (giran) alrededor del núcleo, tal como la Luna lo hace alrededor de la Tierra. El átomo se mantiene en equilibrio con las cargas positivas y negativas.

Las propiedades eléctricas de ciertos materiales ya eran conocidas por civilizaciones antiguas. En el año 600 a.C., Tales de Mileto comprobó que, si frotaba el ámbar, atraía objetos más livianos hacia este. Por eso el término *electricidad* proviene del vocablo griego *elektron*, que significa ámbar.

En el siglo XVIII, Benjamin Franklin (1706-1790) postuló que la electricidad era un fluido, y separó a las sustancias en positivas y negativas eléctricamente. Por medio de su célebre experimento, realizado en plena tormenta eléctrica en Filadelfia, Estados Unidos, en el cual una chispa bajaba desde un barrilete remontado a gran altura hasta una llave metálica que tenía en la mano, confirmó que el rayo era un efecto de la conducción eléctrica. Michael Faraday (1791-1867) experimentó hasta que logró comprobar que el trabajo mecánico empleado en mover un imán podía transformarse en corriente eléctrica. Y James Clerk Maxwell (1831-1879) lo expresó matemáticamente, y unificó los comportamientos eléctricos y magnéticos, y su desplazamiento.

Ya en el siglo XIX, Thomas Edison (1847-1931) comenzó los experimentos con los que terminaría creando la lámpara eléctrica y desarrollando el suministro de corriente continua, mientras Nikola Tesla (1856-1943) desarrollaba las teorías acerca de la corriente alterna en el marco de lo que se conoce como la «guerra de las corrientes», además de la comunicación inalámbrica de las ondas de radio y la transmisión inalámbrica de la energía. Un verdadero precursor de las tecnologías que usamos en el siglo XXI.

Cada vez que se acciona un interruptor de luz en el hogar se genera un movimiento de millones de electrones que circulan a través de un cable conductor metálico. Las cargas que se desplazan forman parte de los átomos que conforman el cable conductor. Los electrones se mueven desde el enchufe hacia el aparato eléctrico y esto produce un flujo de energía entre estos dos puntos que alimenta al electrodoméstico en cuestión. Así, la energía eléctrica hace funcionar distintos dispositivos y se transforma en otras energías, como cuando llega a una enceradora y allí se transforma en energía mecánica para impulsar los rodillos respectivos. Esto mismo se observa cuando se trata de un secador de pelo o una estufa. La energía eléctrica se convierte en calórica a través de una resistencia que se calienta con el paso de los electrones, y en viento en el secador para que el ventilador impulse la salida de calor.

Los conductores son materiales por los cuales la corriente eléctrica viaja con facilidad, y por eso decimos que tienen baja resistencia eléctrica. Los metales son muy buenos conductores y se usan para construir los cables. El más usado para cables de conducción es el cobre.

El agua también es otro buen conductor de la electricidad. Es muy importante tener esto en cuenta, dado que nuestro cuerpo está constituido en un 70% por agua, de modo que la electricidad puede circular fácilmente a través de nosotros y causarnos mucho daño. Por esta razón los cables eléctricos están recubiertos de algún material de alta resistencia (aislante), como por ejemplo el plástico, para que puedan manipularse sin peligro. Los materiales aislantes más conocidos son los plásticos, el vidrio y la cerámica.

ESTRUCTURA Y ELEMENTOS DE UN ÁTOMO

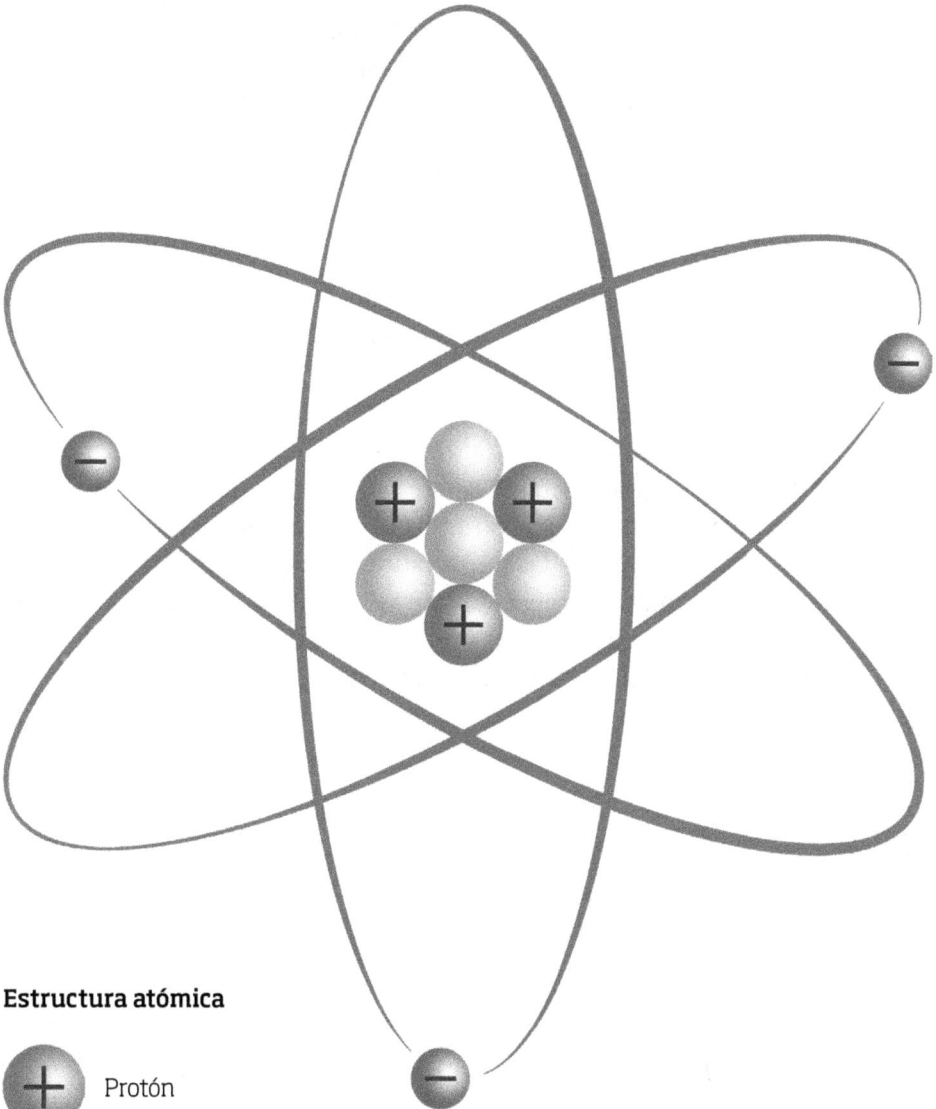

Estructura atómica

Protón

Neutrón

Electrón

La generación industrial de electricidad comenzó en el último cuarto del siglo XIX, cuando se propagó la iluminación eléctrica en las calles y viviendas. Ahora bien, ¿cómo se genera la energía eléctrica? Se produce básicamente haciendo girar un magneto (imán poderoso) dentro de un rollo de alambre. Así de simple y de complejo a la vez. El generador consta de dos partes básicas:

una parte rotante, llamada rotor, que es esencialmente un gran imán (magneto),

y una parte fija, llamada estertor, conformado por carretes de alambre de cobre que van colocados alrededor del rotor.

Cuando el rotor gira, el cable de cobre tiene un campo magnético cambiante que lo penetra y se produce una transformación del flujo magnético en electricidad mediante el fenómeno de inducción electromagnética, que genera una corriente. En un generador de energía eléctrica existen varios componentes más, así como otros detalles que veremos al analizar las energías hidráulica, eólica y calórica. Lo importante es que el principio básico de la generación de energía eléctrica se basa en la rotación de un elemento magnético dentro de un bobinado de alambre, el cual transforma energía cinética y magnética en energía eléctrica.

PARTES DE UN GENERADOR DE ENERGÍA ELÉCTRICA

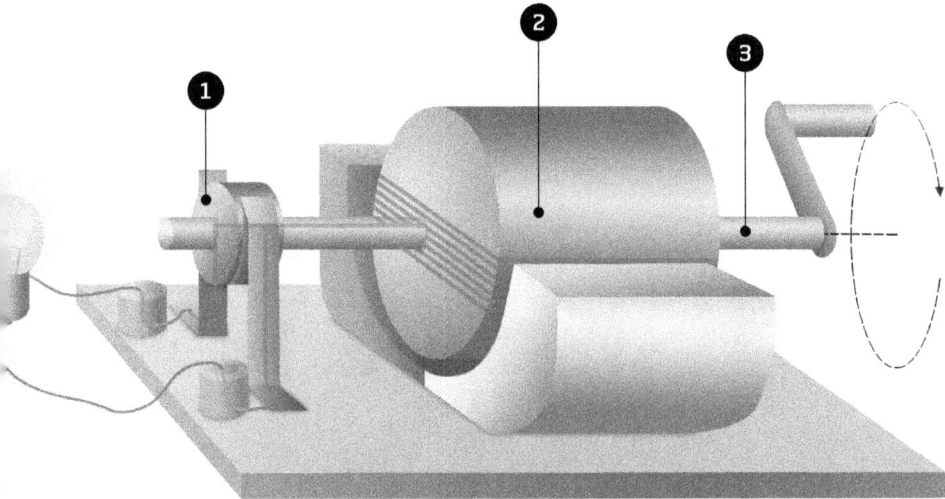

1. Rotor
2. Bobina
3. Manivela

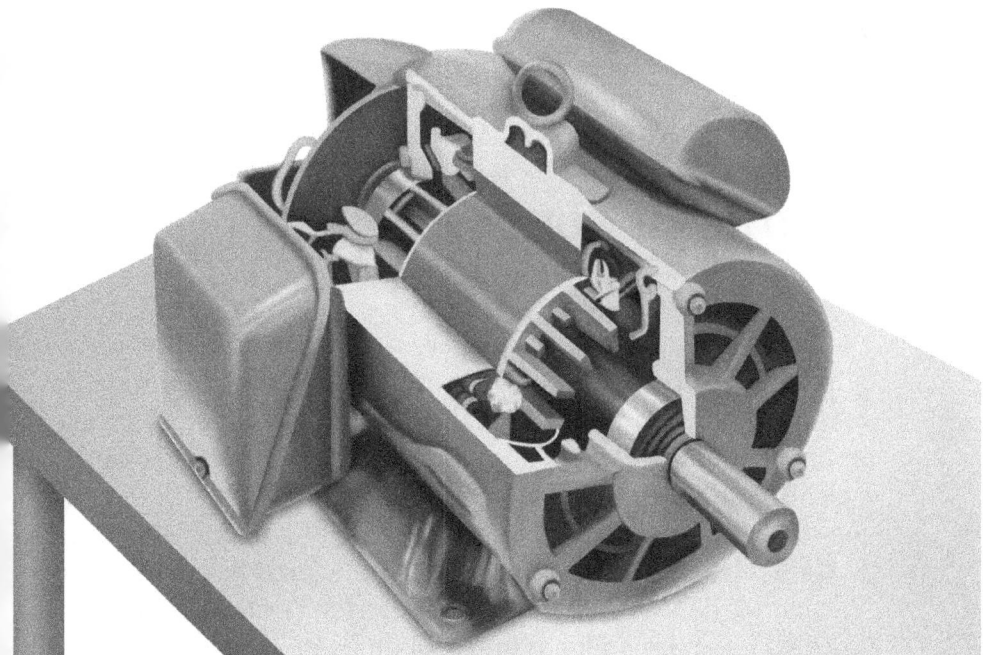

52

CICLO DE VIDA DE LA ENERGÍA ELÉCTRICA

Llamamos ciclo de vida de la energía eléctrica al camino o circuito que esta recorre desde que es generada (en cualquiera de sus formas) hasta el lugar final donde se la consume, ya sea en un ámbito residencial o industrial. Consumimos la energía transformándola en otro tipo, para hacer funcionar dispositivos como TV, ordenadores, aspiradoras, etc. ¿Qué camino sigue desde que es generada y cómo llega a nuestros hogares? ¿Qué situaciones debe enfrentar en ese recorrido? Dado que no tenemos una napa, una mina o un árbol de donde podamos extraer

Despiece de un motor eléctrico: en su
interior quedan a la vista el rotor y la bobina.

energía eléctrica, no queda otra opción que generarla. Además, debemos hacerlo *just-in-time*, es decir, justo en el momento en que la necesitamos, ya que tampoco conocemos cómo almacenarla, al menos en las grandes cantidades en que la consumimos. Para almacenarla en pequeñas proporciones podemos usar baterías, pero este no es el caso, y eso nos obliga a disponer de capacidades de producción con potencias elevadas para hacer frente a toda la demanda.

En el ciclo de vida de la energía eléctrica, ya sea producto de transformar energía eólica, hidráulica, calórica o cualquier otra, se pueden distinguir en líneas generales cuatro secciones: generación, transporte, distribución y comercialización.

ESQUEMA DE TRANSPORTE Y DISTRIBUCIÓN DE LA ENERGÍA ELÉCTRICA

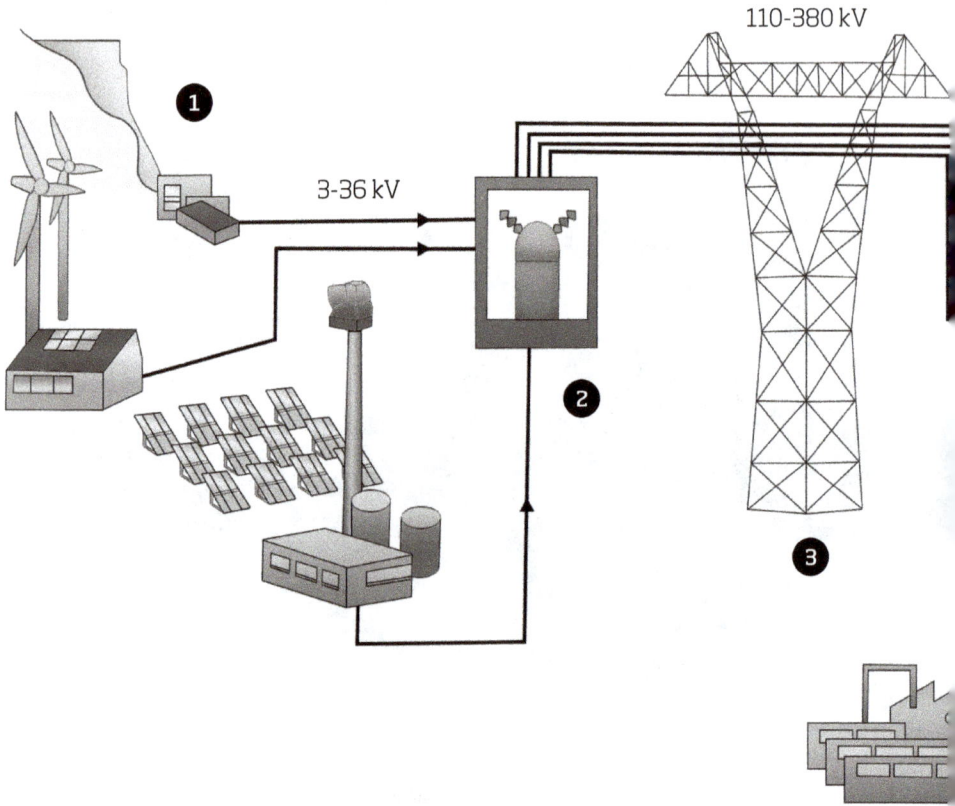

110-380 kV

3-36 kV

1

2

3

FASES O SECCIONES DEL CICLO DE VIDA DE LA ENERGÍA ELÉCTRICA

En el esquema, se ubican primero los productores, más allá del tipo de central que utilicen para generar la energía, luego una estación de salida a la línea de transporte de alta tensión, transformadores y subestaciones para la distribución a los consumidores, y finalmente los propios consumidores, ya sean residenciales o industriales.

En todos los países encontramos esta división, que está sujeta a un marco regulatorio y a condiciones comerciales, con el fin de asegurar la correcta distribución entre todas las partes y evitar abusos y tarifas desleales. En la mayoría de los países se obliga a las grandes corporaciones a operar con distintas empresas para cada sector o sección.

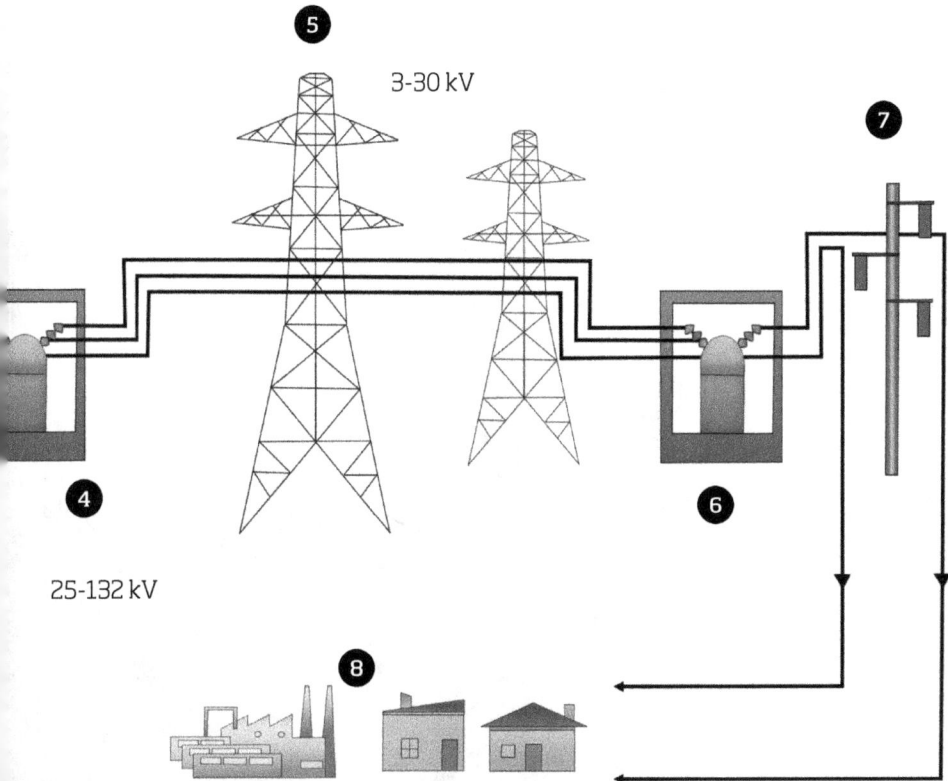

3-30 kV

25-132 kV

1. Centrales generadoras
2. Estación elevadora
3. Red de transporte de alto voltaje
4. Subestación de transformación
5. Red eléctrica de medio voltaje
6. Estación transformadora de distribución
7. Red eléctrica de bajo voltaje 110-380 V
8. Distribución a industrias y hogares

Central eléctrica de turbina de gas.

GENERACIÓN

Las instalaciones donde tiene lugar la generación de energía eléctrica se denominan plantas o centrales generadoras, y están especialmente diseñadas según el tipo de energía primaria que utilicen. Estas energías primarias, como vimos, pueden ser renovables (viento, radiación solar, flujo de aguas, mareas, etc.) o no renovables (carbón, gas natural, petróleo). Las empresas propietarias de las centrales venden la energía eléctrica generada a las compañías de transporte y comercializadoras.

El centro de control de una central generadora es responsable de la operación y supervisión en tiempo real de todas las instalaciones generadoras. Con la información recibida en cada instante desde las subestaciones, se comprueba el funcionamiento del sistema eléctrico en su conjunto, y se toman decisiones para modificar o corregir parámetros si correspondiera.

Por lo general, estos centros productivos no se encuentran cerca de las zonas de consumo, por lo que es necesario llevar la energía hasta ciudades, grandes urbes y zonas industriales.

Normalmente sobra capacidad para satisfacer la demanda, ya que así se diseña la red, para continuar el servicio aunque haya centrales que deban salir de servicio por problemas técnicos o por mantenimientos programados. En todos los países existe un centro de operaciones (organismo gubernamental de regulación) desde el cual se monitorea en forma permanente y en tiempo real la demanda, y sobre la base de ello se asignan o se cambian las fuentes de suministro de energía del sistema central. Las empresas generadoras perciben sus ganancias según la potencia entregada (la unidad es el kilovatio hora, kWh), e inyectada al sistema y existe una normativa de comercialización (tanto para pagar como para cobrar el servicio prestado) para cada parte de la red eléctrica. Aquí surge el concepto de «peaje» con el fin de sanear la diferencia de costos de infraestructuras y de costos marginales *versus* costos medios. En algunos países, este costo se ve reflejado directamente en la factura de electricidad de los hogares, cuyo factor dependerá de la clasificación del tipo de consumidor: paga mayor peaje quien es un consumidor mayor. Por ejemplo, una industria que consume más de 15 Kw tendrá un factor superior que un consumidor residencial que consume menos de 10 Kw.

EL TRANSPORTE

La red de transporte une las centrales generadoras con los puntos en los que se realizará el reparto y la posterior distribución de la energía eléctrica. Una línea de transporte o línea de alta tensión es el medio físico mediante el cual se realiza la transmisión de la energía eléctrica generada a lo largo de grandes distancias. Está constituida por un elemento conductor, usualmente cables de cobre o de aluminio, y por elementos que le dan soporte, como las torres de alta tensión.

Una vez tratada la energía primaria y convertida en electricidad, se envía por vías elevadas (torres de sustentación) o subterráneas desde las centrales hasta las subestaciones. Allí los transformadores se encargan de garantizar una tensión eléctrica adecuada. Las subestaciones suelen estar al aire libre, cerca de las centrales y en la periferia de las ciudades, aunque si no son de gran tamaño, también pueden estar ubicadas en la ciudad, dentro de un edificio.

La energía que circula por la red tiene un voltaje alto para poder recorrer largas distancias y minimizar las pérdidas originadas por la circulación en los cables. Durante el transporte se producen pérdidas que dependen de la intensidad de la corriente; en concreto, como expresa la Ley de Joule, la pérdida es directamente proporcional al cuadrado de la corriente.

Por este motivo, antes de iniciar el transporte, se eleva la tensión hasta valores de cientos de kilovoltios (alta tensión), lo cual disminuye el valor de la corriente en las líneas de transporte, y como la resistencia de los conductores (cables) sigue siendo la misma, el efecto es la disminución de las pérdidas, lo que trae aparejado un consiguiente ahorro económico. Esta elevación de tensión luego de la generación, y la posterior reducción previa al reparto, se realiza en las subestaciones. Allí, mediante un transformador, se reduce la tensión para pasar a la red de distribución.

Estos conceptos se refieren al tipo de tensión de un circuito eléctrico –también conocido como voltaje–, es decir, la diferencia de potencial que permite que circule la electricidad (electrones) por una línea o instalación eléctrica. La tensión o voltaje se mide en voltios (unidad de medida en honor al físico Alessandro Volta, inventor de la primera batería). Una pila o batería convencional

Subestación de transformación para el transporte de la energía eléctrica.

LA LEY DE JOULE

La **ley de Joule** (establecida por el físico británico James P. Joule en 1840) muestra la relación existente entre el calor generado por una corriente eléctrica que circula por un conductor, la resistencia de dicho conductor, la corriente misma y el tiempo durante el cual persiste.

En la fórmula:

- Q es la cantidad de calor expresada en julios.
- i es la corriente eléctrica expresada en amperios.
- R es la resistencia eléctrica expresada en ohmios.
- t es la cantidad de tiempo durante el cual circula la corriente «I».

$$Q = i^2 \times R \times t$$

que conseguimos en cualquier comercio tiene un voltaje de 1,5 voltios, mientras que una línea eléctrica puede tener miles de voltios y el rayo de una tormenta acumula millones. Por eso es habitual expresar el voltaje en unidades de mil, o sea, en kilovoltios (kV).

Aunque no es una norma general, podemos decir que una línea de 220 kV puede transportar electricidad a unos 220 km de distancia, mientras que una de 25 kV puede recorrer 25 km. La baja tensión, con 220 voltios, llega a unos 220 m aproximadamente. Por todo ello, podemos concluir y asegurar que el voltaje es proporcional a la potencia que transporta. Por lo tanto, una línea de 220 kV puede transportar casi 9 veces más electricidad que una de 25 kV.

Cuando hablamos de alta, media y baja tensión, nos referimos al potencial de electricidad que puede transportar una instalación eléctrica: el voltaje. La alta tensión es aquella que supera los 36 kV, aunque hay casos en los que el voltaje utilizado es de 110 kV, 220 kV y 400 kV. Esta medida se utiliza para transportar electricidad a grandes distancias, desde las centrales generadoras hasta las distintas subestaciones eléctricas. Las torres utilizadas suelen ser altas, de gran porte y metálicas.

En su viaje, la energía eléctrica pasa por una subestación eléctrica que, como vimos, transforma la electricidad de alta tensión en media tensión. Las instalaciones de media tensión tienen un voltaje de entre 1 y 36 kV; uno de los más utilizados es el de 25 kV.

Torres de transporte de alta tensión.

La media tensión transporta la energía desde las subestaciones hasta las centrales transformadoras que dan suministro a ciudades, barrios y pueblos. Estas también pueden ser aéreas o subterráneas y, por motivos de seguridad, en muchos casos deben cumplir algunos requisitos regulados por los gobiernos de las respectivas ciudades o pueblos. A diferencia de los postes de alta tensión, estos suelen ser de madera y más bajos en altura.

Finalmente, para que la energía eléctrica se pueda consumir en los hogares y empresas que utilizan dispositivos y electrodomésticos con un voltaje estándar de 220-230 voltios (110 V en casos como Estados Unidos), hay que transformar la media tensión en baja. Esto se lleva a cabo en instalaciones (edificios) transformadoras (llamadas subestaciones) que se ubican cerca de los puntos de consumo, dentro de las ciudades, y a partir de ahí se distribuye en hogares, comercios, empresas, fábricas, etc. Están a la intemperie y el aislante que utilizan es el espacio que queda entre los cables desnudos.

La baja tensión es la que usan la mayoría de los dispositivos eléctricos y es la menos peligrosa. De cualquier manera, con el fin de evitar accidentes, las instalaciones deben estar protegidas por llaves o interruptores, como llaves térmicas, magnéticas y diferenciales. Las instalaciones de baja tensión en los hogares y empresas siempre deben ser implementadas y mantenidas por profesionales matriculados. La puesta en marcha de una instalación de baja tensión requiere siempre un trámite legal para ser conectada a la empresa distribuidora del barrio o la ciudad. El transformador de tensión es el elemento primordial dentro de las subestaciones, ya que se encarga de convertir (transformar) el valor de la tensión del generador en el valor de la tensión de la red de transporte. Este es un punto crítico, ya que por ellos sale toda la energía eléctrica producida. Suelen ir encapsulados y bañados con aceites minerales para su refrigeración y aislamiento, porque se suelen calentar con el paso de la corriente eléctrica.

La temperatura es una variable muy importante a tener en cuenta, dado que no debe sobrepasar ciertos límites que podrían provocar altas presiones dentro de la carcasa, e incluso incendios o explosiones. Los transformadores de las centrales generadoras tienen sus propios sistemas de refrigeración para evitar y mitigar este inconveniente, dado que son los más grandes dentro del ciclo de vida.

Torre de distribución de media tensión.

Torres de distribución de baja
tensión en zonas urbanas.

Transformador de la energía
eléctrica en una subestación.

Torre de línea aérea de
transmisión de alta tensión.

Para el transporte de la energía eléctrica se suelen usar dos
tipos de líneas: aéreas y subterráneas. Las aéreas son aquellas en las que los cables van
sujetos a torres de metal o a
postes de madera. Sus costos
son inferiores debido a que
los cables se montan desnudos, sin un material aislante,
y no requieren la obra civil
de canalización si se decidiera
enterrarlos. Otra ventaja de
esta modalidad es que resulta
mucho más fácil identificar
dónde se ha dañado o cortado
una línea. Dentro de sus desventajas, el principal problema
es el peligro de choque o de
contacto con los cables desnudos por parte de aeronaves y de
aves, razón por la cual deben
tener boyas lumínicas para
que se distingan desde lejos y
de noche. Su uso es habitual
en redes de distribución de
larga distancia y en zonas no
urbanizadas.

En las líneas subterráneas,
los cables están recubiertos por
aislantes y se extienden dentro
tubos de plástico o metálicos,

70

por canales de cemento, zanjas excavadas en la tierra, o bien colgados de paredes en túneles, como en los metros en las grandes ciudades. Entre las desventajas de las líneas subterráneas, se puede mencionar la disipación de calor, por lo cual se deben utilizar secciones mayores de cable (lo cual es más costoso), y la dificultad para encontrar una avería. Además, implica una obra civil mayor y la identificación posterior de su localización para que los cables no sean dañados al realizarse otras obras con excavadoras. Se las utiliza comúnmente en zonas urbanas con el fin de evitar riesgos de vida, para protegerlas de vandalismo y por cuestiones estéticas y de contaminación visual.

DISTRIBUCIÓN

La energía eléctrica llega a la sección de distribución por medio de una red de líneas interconectadas a los hogares, fábricas e industrias, luego de pasar por subestaciones que reducen su tensión para dar servicio a la diversidad de usuarios. Por lo general,

Canalización subterránea
de la red de electricidad.

las industrias utilizan entre 15 y 20 kV, los hogares 220 V (en Estados Unidos usan 110 V), y en el caso de motores de ascensores o bombas de agua en edificios de las ciudades, 380 V (denominada trifásica).

La red general se diseña con capacidad para suministrar energía en los picos, cuando se producen fuertes demandas, lo cual permite continuar con el servicio aunque haya centrales que deban salir de servicio por problemas técnicos o por mantenimientos programados. La distribución generalmente está regulada por cada Estado y es asignada a una única empresa en función de la zona geográfica.

73

COMERCIALIZACIÓN

La empresa de comercialización –último eslabón de la cadena de suministro– envía las facturas y cobra por el servicio. Las comercializadoras sacan diversas tarifas y ofertas, aunque en algunos países europeos (como en España) existe un mercado libre y un mercado regulado (por el gobierno). En el primero, se cobra más si se consume energía en las horas caras y se cobra menos si el gasto se concentra en las horas económicas, de acuerdo con la demanda. El mercado regulado estipula un precio fijo para el kWh y, sin importar la hora o la demanda, se paga una tarifa plana por el consumo.

Los centros de transformación urbanos se encargan de realizar el paso de las tensiones de distribución a la tensión de uso (generalmente, entre 200 y 400 V), así como las tensiones entre los distintos cables que llegan a los domicilios: fases, neutro y tierra.

Esta es, en síntesis, la cadena de valor de la electricidad, desde su generación hasta que llega a los hogares.

CICLO DE VIDA DE LA ENERGÍA ELÉCTRICA

2. Empresas transportistas mayoristas

La red de transporte en alta tensión asegura el abastecimiento de energía a las diferentes regiones. Luego, redes troncales se ocupan del transporte en cada región en particular. **Las subestaciones transformadoras (4)** bajan el voltaje a media tensión para adecuarlo a las líneas de distribución.

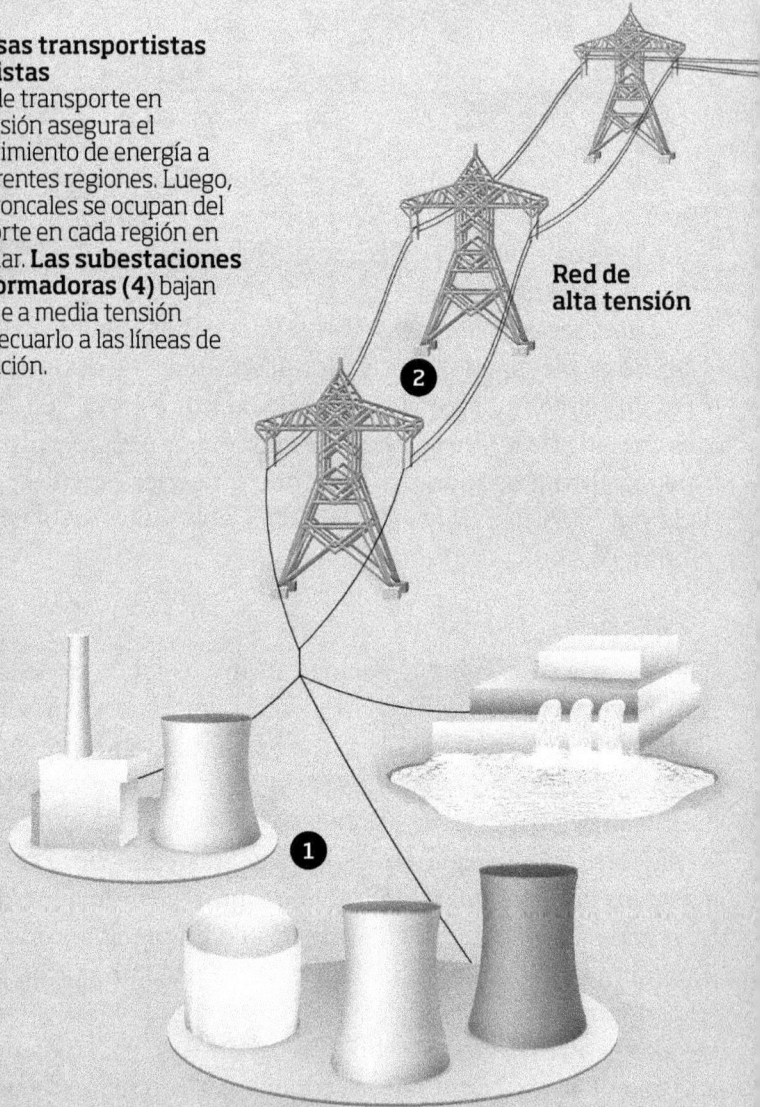

Red de alta tensión

1. Centrales generadoras

Las centrales termoeléctricas, hidroeléctricas y nucleoeléctricas producen energía. Las **plantas transformadoras (2)** elevan el voltaje a alta tensión para permitir el recorrido de la electricidad a grandes distancias.

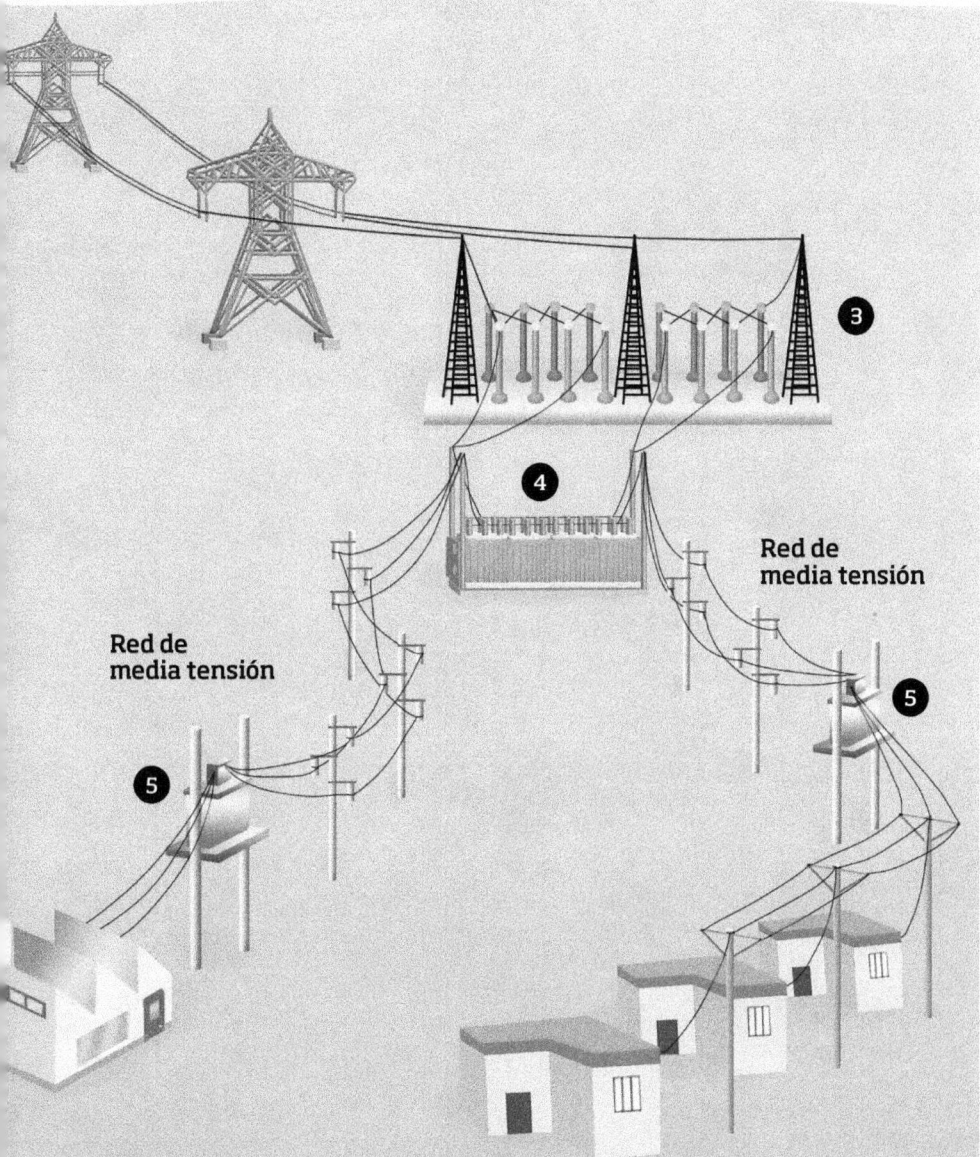

3

4

Red de
media tensión

Red de
media tensión

5

5

4. Empresas distribuidoras minoristas

La electricidad finalmente es operada por las empresas que llevan el servicio
a los consumidores. **Las subestaciones ubicadas en estructuras
de hormigón en los barrios, subterráneas o a nivel (6)** terminan
de disminuir el voltaje a baja tensión para el consumo de los usuarios
industriales, rurales, comerciales y residenciales.

ENERGÍA CALÓRICA

La planta termosolar de Sanlúcar la Mayor

Desde tiempos remotos, el ser humano ha disfrutado del calor del Sol sobre su piel. Gracias a la medicina, sabemos que el cuerpo humano produce vitamina D al recibir los rayos solares de manera directa, ya que es difícil encontrarla en forma natural en los alimentos. En los últimos tiempos, y producto de los avances tecnológicos, se les ha encontrado otro uso favorable a las bondades renovables de la energía de nuestro dios Helio: el calor como fuente de generación de energía eléctrica.

DISEÑO Y CONSTRUCCIÓN

Esta fuente primaria debe su aparición a la industria aeroespacial, y se ha convertido en la forma más fiable de suministrar energía eléctrica a un satélite o a una sonda, o a equipos aeroespaciales en las órbitas interiores, gracias a la mayor irradiación solar que pueden captar sin la interferencia de la atmósfera y a su alta relación positiva de potencia a peso.

La relación de potencia a peso es un cálculo que se aplica a fuentes de energía móviles para poder realizar una mejor comparativa entre un diseño y otro. Esta relación es una medida del rendimiento real de cualquier fuente de potencia. Para calcularla, se divide la potencia generada por su peso, y así se obtiene un número que permite la compración con otros y dar una idea más acabada del rendimiento de un vehículo (o aeronave, como un satélite) con otro. Esta relación es una medida de la capacidad de aceleración (potencial) de cualquier vehículo de tierra o de su desempeño en el ascenso para una nave aeroespacial.

En la superficie terrestre, este tipo de energía se usa para alimentar dispositivos autónomos como luminarias, para abastecer refugios o casas aisladas de la red eléctrica y también para producir electricidad a gran escala a través de redes de distribución. Debido a la creciente demanda del uso de energías primarias renovables, la fabricación de celdas solares e instalaciones fotovoltaicas ha avanzado considerablemente.

Durante los primeros años del siglo XXI se ha producido un crecimiento exponencial de la producción de energía fotovoltaica, y aproximadamente se duplicó en dos años. De continuar esta tendencia, la energía fotovoltaica cubriría entre el 15 y el 20% del consumo energético mundial hacia la década de 2030, con una producción aproximada de 2.200 teravatios/hora, y podría llegar a proporcionar el 100% de las necesidades energéticas a finales de ese período.

Esta energía está garantizada para los próximos 6.000 millones de años. El Sol es la fuente de vida y origen del resto de las formas de energía que el ser humano ha utilizado desde hace miles de años. Si aprendemos cómo aprovechar de manera racional la luz que continuamente brinda sobre el planeta, habremos superado uno de los grandes problemas surgidos en el siglo xx y que desde entonces crece exponencialmente: el de la dependencia cada vez mayor de la energía eléctrica. La luz solar brilla, nos calienta e ilumina desde hace 5.000 millones de años, y se calcula que aún no ha llegado a la mitad de su existencia.

La energía solar térmica está bastante extendida en el ámbito residencial para la obtención de agua caliente sanitaria y como apoyo a la calefacción, pero ese potencial de aprovechamiento capaz de proveer a las empresas del calor que necesitan en sus procesos industriales es todavía muy pequeño, pese a que las ventajas de su utilización son muchas y variadas.

Las plantas convierten la energía solar primaria en energía química mediante la fotosíntesis, proceso durante el cual requieren agua y dióxido de carbono (CO_2), y si nos exponemos al Sol en verano sentimos en la piel su energía calórica. Estos simples ejemplos nos proporcionan mucha información acerca de las cualidades y características de la energía que nos brinda el Sol.

79

Existen tres tipos de energías básicas que podemos obtener del Sol:

- Fotovoltaica
- Térmica
- Termodinámica

En el primer caso, se utilizan células (celdas) solares fotovoltaicas que convierten la luz del Sol en electricidad por el llamado efecto fotoeléctrico, por el cual ciertos materiales pueden absorber fotones (partículas portadoras de energía lumínica) y liberar electrones que generan una corriente eléctrica. En los otros dos casos, se usan colectores solares térmicos, con paneles o espejos que absorben y concentran el calor solar, luego lo transfieren a un fluido que corre por tuberías para su empleo en edificios e instalaciones fabriles. También sirven para la generación de electricidad (solar termoeléctrica). En este caso, el calor es recibido por medio de espejos, de manera que los rayos solares se concentran en un receptor que alcanza temperaturas de hasta 1.000 °C.

Este calor permite calentar un fluido que genera vapor, que a su vez mueve una turbina y produce electricidad.

Hay países, como España, que por su situación climatológica privilegiada se encuentran particularmente favorecidos para aprovechar este tipo de energía respecto de otros países. Cada día es mayor el vuelco hacia esta fuente de energía primaria gratuita, limpia e inagotable, que puede liberarnos de la fuerte dependencia de otros tipos de energía no renovables como el petróleo.

Debemos agregar que existen algunos problemas que afrontar y superar, ya que esta energía está sometida a continuas fluctuaciones y variaciones más o menos bruscas. Por ejemplo, en invierno, la radiación solar es menor, y es el momento en el que la solemos necesitar más, por lo cual es de vital importancia proseguir el desarrollo de la tecnología asociada a la captación, acumulación y distribución de energía solar, para conseguir condiciones que la hagan competitiva a escala mundial.

La energía fotovoltaica es la más accesible, tanto por el costo de adquisición como por la sencillez de su implementación. De hecho, es frecuente ver estas celdas en hogares donde cumplen la función de proporcionar energía a una parte específica de la casa, como, por ejemplo, la iluminación del jardín. En mayor escala, se utilizan en la iluminación de autopistas de entre 20 y 50 km de longitud, como el Camino del Buen Ayre en Buenos Aires, la primera autopista sustentable en Latinoamérica. Tiene una extensión total aproximada de 23 km, y une las zonas norte y oeste del conurbano bonaerense.

En industrias como la alimentaria, la química, la papelera y la textil se utiliza el calor en procesos tan diversos como el secado, la cocción y la limpieza, entre otros. Estas industrias necesitan temperaturas de hasta 200 °C durante más del 50% de sus procesos. En el rango de temperaturas baja y media (hasta 150 °C) encontramos un gran potencial en este campo, ya que alrededor del 30% del calor necesario para los procesos industriales requiere temperaturas inferiores a los 100 °C, es decir, dentro del rango de la energía solar térmica doméstica. Por encima de estos valores la tecnología se vuelve más compleja, aunque con la instalación de colectores solares de alto rendimiento se puede producir calor a temperaturas que llegan a los 150 °C.

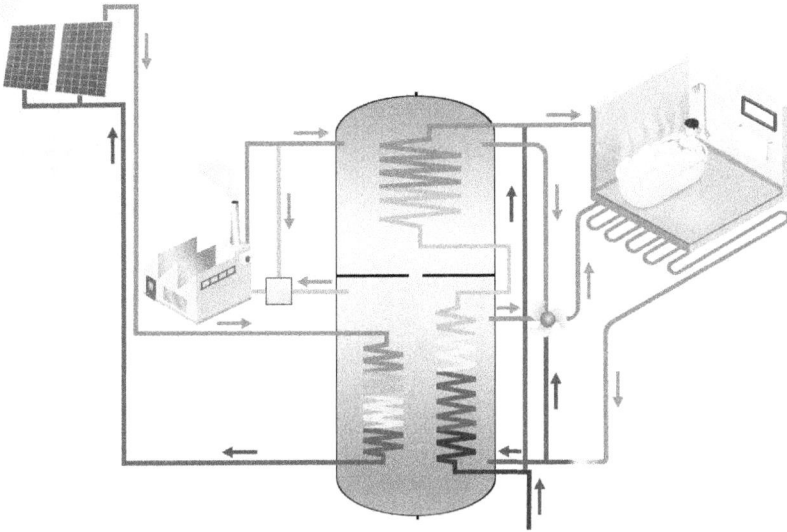

Ejemplo de uso de paneles solares térmicos que contribuyen con la climatizacion del hogar y con la generación de agua caliente. De esta manera se reduce el costo por el consumo de gas y de electricidad de la red.

En el rango de las temperaturas media y alta (150-250 °C) hay muchos procesos industriales, como la generación de vapor, el secado, el lavado, la esterilización y la pasteurización, entre otros. Por encima de los 200 °C es posible optar por sistemas de concentración de los rayos solares capaces de proporcionar temperaturas elevadas, que siguen siendo rentables aunque son muchísimo más complejos.

Los paneles fotovoltaicos están formados por numerosas celdas (o células) que convierten la luz en electricidad. Estas aprovechan el efecto fotovoltaico, dado que la energía lumínica produce cargas positiva y negativa en dos semiconductores próximos, y forman un campo eléctrico capaz de generar una corriente. Las celdas suelen ser de silicio cristalino o de arseniuro de galio. Mientras que los cristales de silicio están disponibles en formato normalizado y son más baratos –son producidos para el consumo de la industria

microelectrónica–, los de arseniuro de galio se fabrican especialmente para uso fotovoltaico. El silicio es menos eficiente pero más económico, mientras que el arseniuro de galio es más eficiente pero más costoso. El ensamblaje que resulta de unir estas celdas son los paneles solares.

Finalmente, estos paneles deben montarse en una estructura que permita su fijación y mantenimiento, así como la conexión hacia el resto del sistema generador. Estas estructuras de anclaje generalmente son de aluminio, con tornillería de acero inoxidable para asegurar ligereza y mayor durabilidad.

Esta tecnología es la más sencilla y la que menos barreras presenta para su aplicación en el ámbito doméstico, tanto en lo económico como en la practicidad de su implementación. A partir de

unos 200 dólares es posible conseguir paneles fotovoltaicos para el hogar, de los más sencillos. De cualquier manera, construir uno sale aún más económico, y ayudará a comprender cómo funcionan, además de tener la satisfacción personal por construir algo. Son aquellos que se pueden usar para fines caseros, como recargar la batería del automóvil o encender algunas luces de la casa y de algún ambiente exterior.

Los beneficios de esta energía primaria son muchos: es renovable, inagotable, no contaminante, reduce el uso de los combustibles fósiles, genera riqueza y empleo local, contribuye directamente al desarrollo sustentable, es modular y versátil, de fácil adaptación a todas las situaciones, y permite la generación eléctrica a gran escala y para el uso hogareño y portátil.

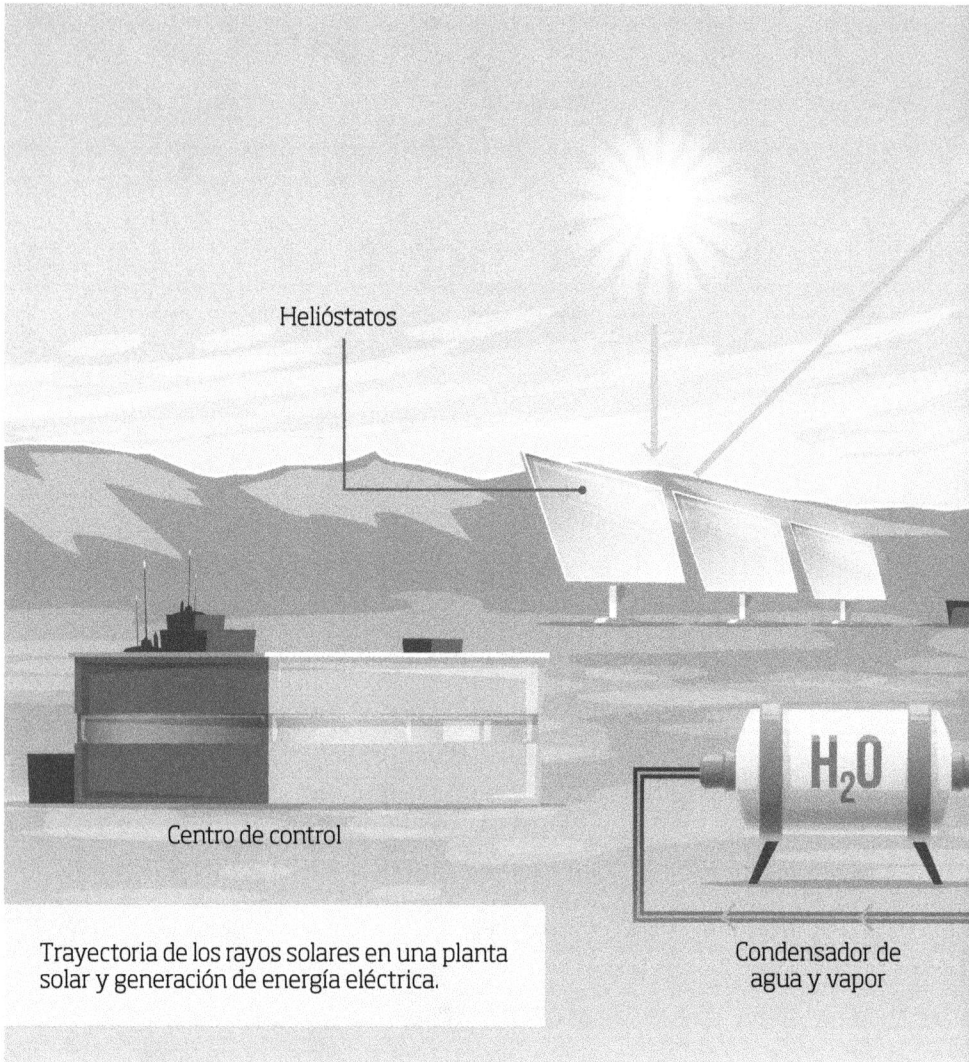

Helióstatos

Centro de control

Trayectoria de los rayos solares en una planta
solar y generación de energía eléctrica.

Condensador de
agua y vapor

H$_2$O

LA PLANTA DE ENERGÍA SOLAR EN SANLÚCAR LA MAYOR

En una llanura de Sanlúcar la Mayor, cerca de Sevilla (España), a unos 148 msnm, está emplazada la planta de energía solar pionera en España y la más grande de Europa. Esta central térmica solar (o planta termosolar) aprovecha la luz del Sol para convertirla en energía eléctrica gracias a la captación y concentración de sus rayos. Como vimos, esto se logra por medio del proceso fototérmico: el calor de los rayos solares calienta un fluido que produce vapor, y este impulsa las turbinas para la producción de energía eléctrica.

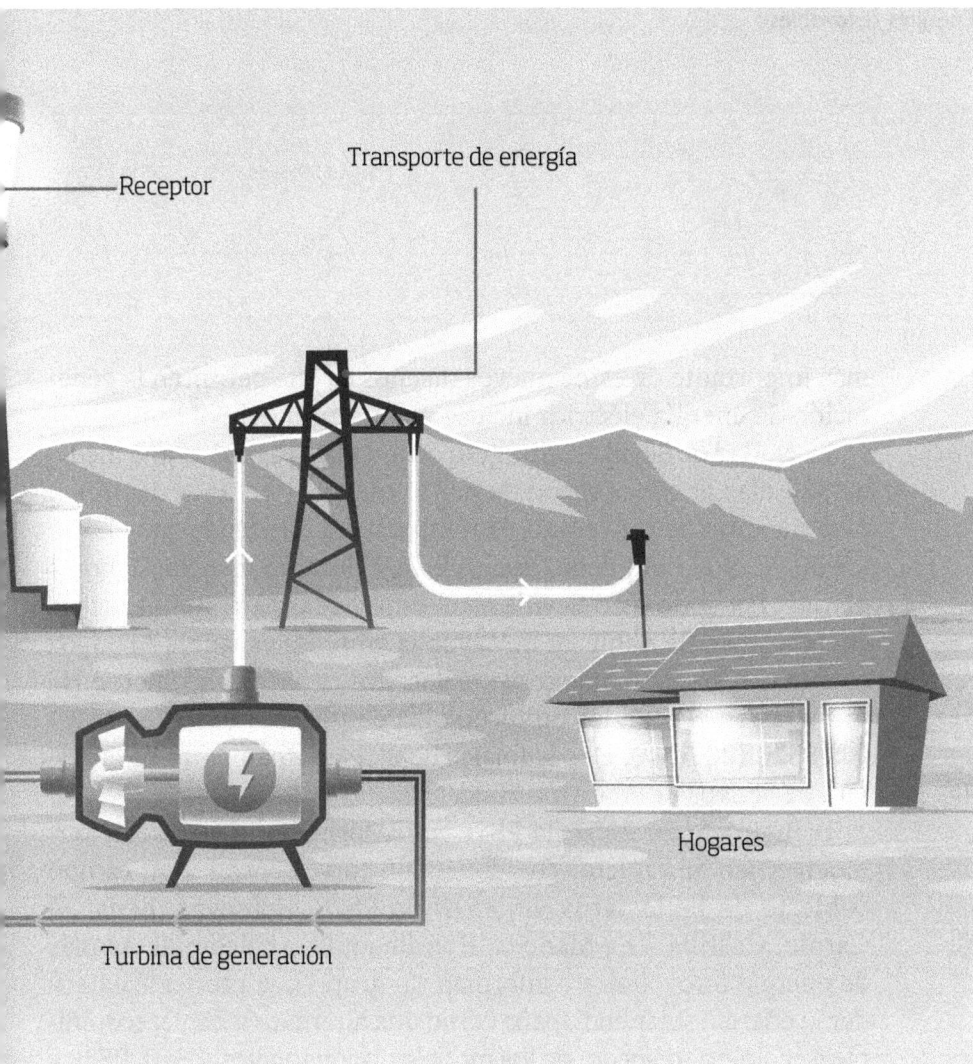

Receptor

Transporte de energía

Turbina de generación

Hogares

Una planta termosolar con una torre central es una especie de horno solar que utiliza dicha torre para captar luz solar concentrada. Para ese propósito, emplea un conjunto de espejos planos y móviles, llamados helióstatos, con los cuales se enfocan los rayos del Sol sobre una torre colectora. Los diseños iniciales usaban estos rayos para calentar agua, generar vapor e impulsar una turbina. Los nuevos diseños se valen de sodio líquido y ya se encuentran en funcionamiento sistemas que aprovechan sales fundidas (40% de nitrato de potasio, 60% de nitrato de sodio) como fluidos de trabajo. Estos aditivos poseen una alta capacidad calorífica y permiten almacenar energía antes de ser usada para hervir el agua que luego producirá vapor para impulsar las turbinas. Lo

Planta solar en Sanlúcar la Mayor.

más importante de estos nuevos diseños es que permiten la generación de energía eléctrica incluso en ausencia del Sol.

La ciudad de Sevilla recibe gran cantidad de luz solar: una media de 320 días al año, a razón de por lo menos 9 horas al día. En el pico máximo de un verano, la temperatura puede elevarse hasta los 50 °C, y el Sol puede llegar a brillar durante más de 15 horas diarias. Por todo esto Sevilla es el lugar ideal para aprovechar la energía solar. En Sanlúcar la Mayor, la empresa española Abengoa cuenta con siete plantas comerciales, dos de las cuales fueron las primeras en el mundo con tecnología de torre: la PS10 (11 MW) y la PS20 (20 MW). Desde finales de 2014 forman parte de la cartera de activos de Abengoa Yield.

Inaugurada en 2007, la PS10 fue la primera planta solar termoeléctrica de carácter comercial con torre central y un campo cubierto de helióstatos. La PS10, la PS20, Solnovas, Écija, El Carpio, Castilla – La Mancha, Extremadura y cinco plantas más de energía fotovoltaica conforman un grupo que pretende extender la energía solar en España como una alternativa fiable, sostenible y ecológica respecto de los modelos tradicionales. PS10, PS20 y Solnovas, conocidas como Planta Solúcar, operan comercialmente 183 MW y producen una energía anual suficiente para proporcionar electricidad a 94.000 hogares. De esta manera, el complejo evita la emisión de más de 114.000 toneladas anuales de dióxido de carbono a la atmósfera.

La PS10 está compuesta por 624 helióstatos de 120 m² cada uno y una torre solar de 116 m de altura. Estos helióstatos circundantes producen el reflejo para que el sistema pueda convertir cerca del 17% de la energía de la luz solar en 11 MW de electricidad. La instalación ocupa una superficie de 60 ha y evita la emisión de 6.000 toneladas de dióxido de carbono anuales, a la vez que minimiza el consumo de recursos naturales y la generación de residuos. Además, posee 30 minutos de almacenamiento que

le permite seguir operando bajo condiciones de baja radiación y en períodos de nula insolación. En los días nublados, los operadores orientan los espejos hacia el cielo, ya que una repentina aparición del Sol entre las nubes calentaría la torre tan rápido que podría destruirla.

En la parte superior de la torre de la planta PS10 está el receptor solar, compuesto por una serie de paneles de tubos que operan a muy alta temperatura y por los cuales circula agua a presión. Este receptor se calienta por efecto de la luz solar y genera vapor saturado a 257 °C. El vapor se almacena parcialmente en tanques acumuladores, para ser utilizado cuando la producción no sea suficiente, y el resto se envía directamente a accionar una

Fascinante resplandor de la torre solar de la
compañía Abengoa, en Sanlúcar la Mayor.

turbina generadora de electricidad. El vapor de agua y el polvo del
aire construyen un halo de resplandor blanco alrededor de la torre
que resulta atractivo a la vista y se distingue a varios kilómetros
de distancia.

La planta PS20 se encuentra montada al lado de la PS10 y produce 20 MW de potencia. Su torre de 160 m de altura, rodeada
de 1.248 helióstatos circundantes de 120 m² cada uno, evita la
emisión de 12.000 toneladas de dióxido de carbono anuales a
la atmósfera. La instalación ocupa una superficie total de 80 ha.
Luego de su entrada en servicio en período de pruebas en abril de
2009, fue oficialmente inaugurada el 23 de septiembre de ese año.
Esta planta incorporó avances tecnológicos muy importantes respecto a su predecesora, como un receptor con mayor eficiencia y
mejoras en los sistemas de control y operación y en el sistema de
almacenamiento térmico. Al igual que la PS10, desde finales de
2014 es propiedad de Abengoa Yield. La operación y el mantenimiento de la planta siguen a cargo de Abengoa Solar.

88

PS10:

Torre de 116 m

624 helióstatos

Generación de 11 MW

Electricidad para 5.500 familias

Evita 6.000 toneladas de CO_2 a la atmósfera

PS20:

Torre de 160 m

1.248 helióstatos

Generación de 20 MW

Electricidad para 11.000 familias

Vista de las torres PS10 y PS20 en Sanlúcar la Mayor.

ENERGÍA HIDRÁULICA

La central hidroeléctrica de Kárahnjúkar

La fuerza de la corriente de ríos, mares y de cualquier curso de agua ha sido observada y aprovechada por el ser humano desde tiempos remotos. Poseidón y Neptuno, para griegos y romanos, eran los dioses que dominaban esas fuerzas. Además de ser el agua el elemento esencial de la vida, su vitalidad ha servido para mover ruedas en la molienda de granos y, ahora con mayor tecnología, para la generación de energía eléctrica.

La energía hidráulica se obtiene del aprovechamiento de las energías cinética y potencial de las corrientes de agua, como los ríos, corrientes de deshielo, saltos o mareas. Es también una energía primaria natural, sana y renovable que se puede transformar a muy diferentes escalas.

Desde hace siglos se aprovecha en pequeña escala en granjas cercanas a la corriente de un río, para mover un rotor de palas y generar movimiento. Así nacieron los molinos rurales, a los que se les da diversos usos agrícolas, como la molienda de granos. Estos molinos, también denominados aceñas, se construían sobre el mismo cauce del río o arroyo con el fin de aprovechar la fuerza de la corriente para hacer girar una rueda liviana vertical de paletas, y a través de un sistema de engranajes transmitían ese giro a una piedra de moler, y así se lograba el propósito de la molienda para producir harina. Posteriormente se construyeron ingeniosos molineros un poco más separados del cauce de los ríos: se armaba una presa para embalsar el agua, de modo que con la diferencia de altura se lograba mayor presión y volumen, incluso cuando la corriente de los ríos era escasa por razones estacionales.

Con el paso del tiempo, el curso de los ríos fue aprovechado para la generación de energía eléctrica mediante la construcción de presas hidráulicas y centrales hidroeléctricas. La ubicación de este tipo de centrales es totalmente estratégica y está condicionada a la geografía del lugar.

Existen varios tipos de centrales hidroeléctricas. Las más comunes empiezan por almacenar el agua transportada por un rio o arroyo en lo que llamamos embalse. Allí el agua se acumula en una construcción realizada en el lecho del río o arroyo y que cierra parcial o totalmente su cauce. La aparición de un embalse también puede deberse a causas naturales, como el derrumbe de la ladera de una montaña sobre el tramo de un río, las construcciones típicas de los castores o la acumulación de nieve o hielo.

Las obras construidas por el ser humano son las represas (también denominadas presas) y consisten en una barrera de hormigón o piedras para embalsar el agua y luego derivarla a otro cauce con intenciones de riego, para almacenarla o bien para ser utilizada en una central hidroeléctrica. El agua almacenada se libera en forma

CORTE DE UNA CENTRAL HIDROELÉCTRICA DE PIE DE PRESA

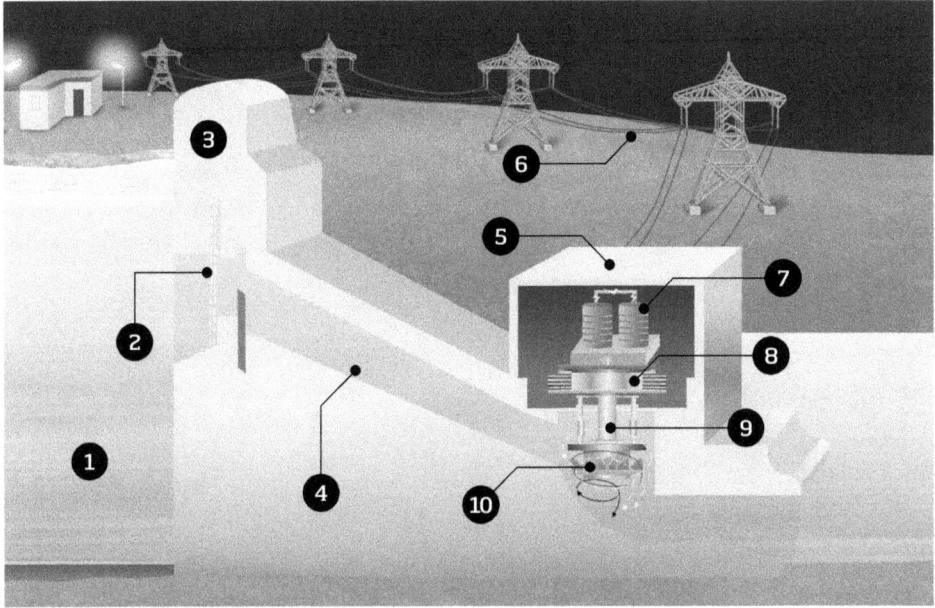

1. Agua embalsada
2. Rejas filtradoras
3. Presa
4. Tubería forjada
5. Conjunto de grupos turbina-alternador
6. Líneas de transporte de energía eléctrica
7. Transformadores
8. Generador
9. Eje
10. Turbina

controlada para producir energía y de esta manera regular la producción. Estas centrales se denominan centrales de pie de presa. A través de compuertas especiales, el agua se desliza con fuerza –gracias a su energía potencial– por la diferencia de altura, y cae sobre una turbina a la que hace girar a velocidad constante, pero con mayor fuerza cuanta más agua pasa. La energía cinética generada por la rotación constante de la turbina es transformada en energía eléctrica en los generadores de la sala de máquinas.

A partir de ahí se eleva la tensión de la electricidad producida para ser incorporada a la red y transportarse para seguir su camino hasta los puntos de distribución con las menores

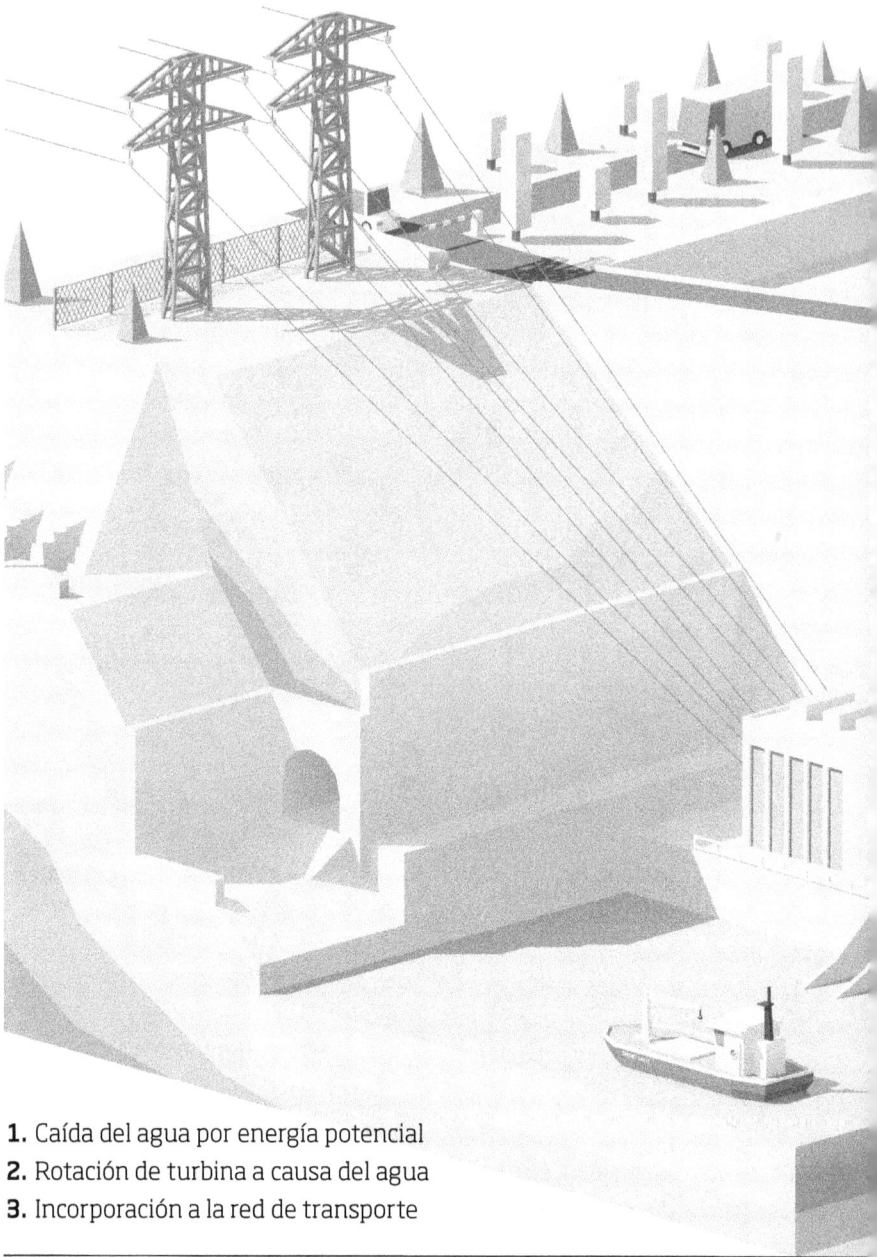

1. Caída del agua por energía potencial
2. Rotación de turbina a causa del agua
3. Incorporación a la red de transporte

pérdidas posibles. Luego se vuelve a bajar la tensión para llegar a los puntos de consumo.

Cabe destacar que el agua utilizada en el proceso retoma su curso natural en el río aguas abajo, tras pasar la central, por lo cual este proceso solo controla su paso durante un tramo del recorrido.

Las centrales deben seguir medidas de seguridad para casos extremos o inesperados, en los que el embalse supere la capacidad

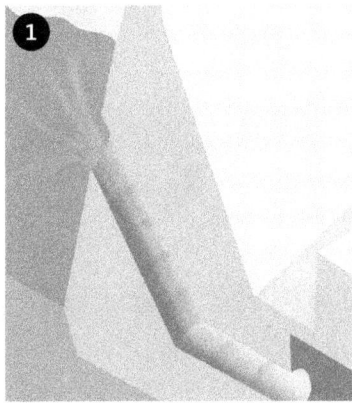

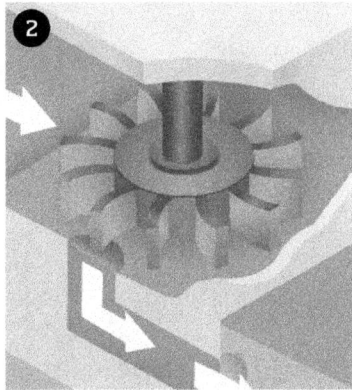

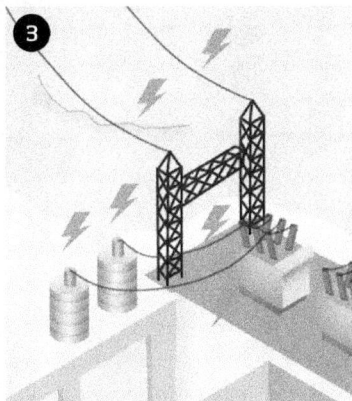

de agua que puede almacenar y deban desagotarlo rápidamente. En casos como esos, posee lo que denominamos «descarga de fondo», una estructura hidráulica asociada a la represa que cumple la función de garantizar el caudal ecológico inmediatamente aguas abajo del embalse, permitir el vaciado para efectuar operaciones de mantenimiento en la represa y reducir el volumen de material sólido depositado en proximidades de la represa.

Ejemplo de descarga en un embalse del cauce de un río.

La presa de Kárahnjúkar es un relleno de roca con cara de hormigón, con una altura máxima de 193 m.

Otro tipo de centrales hidroeléctricas son las fluyentes. Estas sacan provecho del desnivel natural de un río y de un salto de agua. En estos casos, se construye un pequeño remanso para derivar el agua por un canal en paralelo hasta la central hidroeléctrica.

Existen numerosos tipos de centrales, que se tipifican según cómo manejan la resistencia al empuje del agua y cómo controlan su evacuación. Las características del terreno y los usos que se dará al agua condicionan la elección y el diseño de la presa. Estas se clasifican por su forma de transmitir las cargas, por los tipos de materiales empleados en su construcción, por su diseño (gravedad, contrafuertes, arco simple, bóvedas, etc.) y por sus partes fijas o móviles.

102

Las principales partes de una central hidroeléctrica son:

- El embalse donde se almacena el agua mediante una represa.
- Rejillas filtradoras para evitar que ingresen piedras y sedimentos que podrían dañar las aspas o álabes de las turbinas.
- Tuberías forzadas (llevan el agua a presión desde el canal o el embalse hasta la entrada de la turbina) que conducen el agua de forma controlada hasta la sala de máquinas, donde se encuentran las turbinas.
- Generador eléctrico.
- Estación transformadora donde la fuerza hidráulica se transforma en energía utilizable para ser transportada por la red eléctrica.

Una de las desventajas de los proyectos en funcionamiento y de los que están por construirse es el impacto medioambiental de las grandes represas, debido a la interferencia en el paisaje y la influencia en la creación de un microclima diferenciado.

LA CENTRAL HIDROELÉCTRICA DE KÁRAHNJÚKAR

La central hidroeléctrica de Kárahnjúkar (en islandés, Kárahnjúkavirkjun) es una de las más grandes del mundo y se encuentra en Islandia. En uno de los climas más crudos del planeta, un equipo conformado por personal internacional construyó un dique tan alto como un rascacielos para crear un lago del tamaño de una ciudad. Para ello cavaron un túnel de 40 km.

La central se encuentra emplazada a 90 km al sudoeste de Egilsstadir, en la parte oriental de Islandia. El objetivo principal de su construcción fue recolectar las aguas provenientes del glaciar

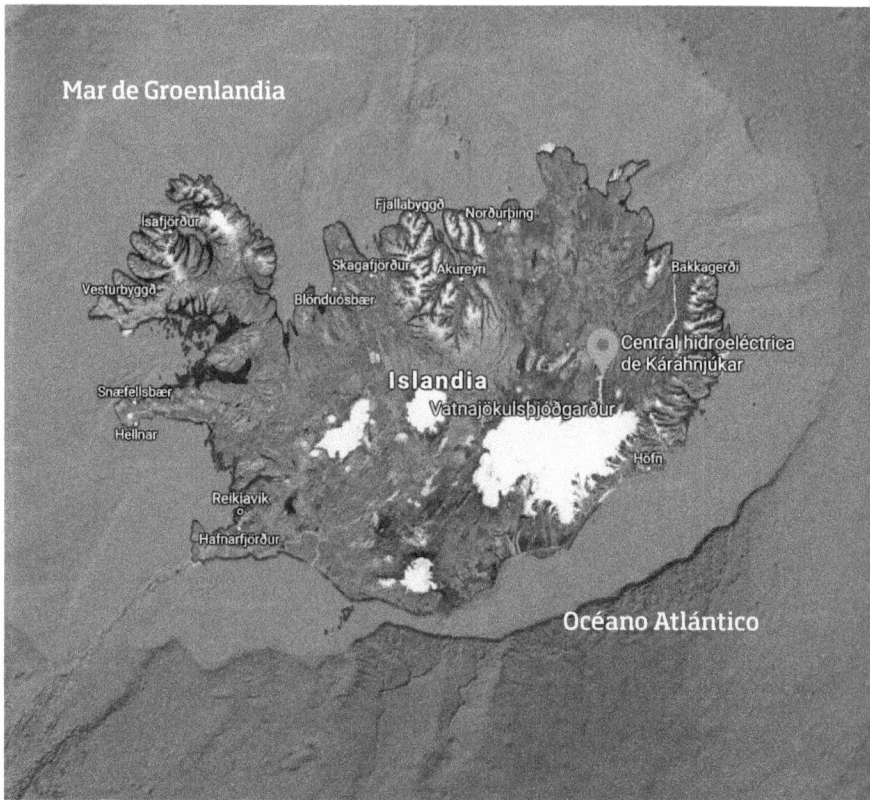

Vatnajökull, sobre los ríos Jökulsá á Brú y Jökulsá í Fljótsdal, que conforman el embalse de Hálslón, para ser aprovechadas para la generación eléctrica en una central subterránea de 690 MW de potencia, que anualmente produce unos 4.600 gigavatios/hora. La energía eléctrica producida se utiliza para operar la planta de fundición de aluminio Fjardaál, situada en Reydarfjördur, 75 km al este, la más grande de Islandia.

El proyecto fue encargado por Landsvirkjun, la compañía nacional de energía de Islandia, y el grupo Salini Impregilo encaró la construcción de la presa de relleno de roca con revestimiento de hormigón. Tiene 800 m de diámetro y 193 m de altura. Es la más alta de la región nórdica y la primera de su tipo en Europa.

Este proyecto finalizó en 2009 y fue muy controvertido por su impacto ambiental, que movilizó a gran parte de la población. Para el relleno de roca con hormigón se usaron aproximadamente

8,9 millones de metros cúbicos de material. Desde el embalse Hálslón, el agua corre a lo largo de 53 km de túneles de aducción a una toma en la escarpa Valtjófsstadafjall. Dos ejes de presión vertical conducen el agua desde la toma de la central subterránea.

La longitud total de los túneles que conforman el proyecto de Kárahnjúkar es de 73 km aproximadamente. La potencia total instalada de 690 MW se produce en 6 unidades de generación, con turbinas hidráulicas Francis. Estas turbinas están diseñadas para un amplio rango de saltos y caudales de agua, y pueden operar en rangos de desnivel desde un par de metros hasta varios cientos. Esta característica, sumada a su alta eficiencia, hace que este tipo de turbina sea la más utilizada en todo el mundo, en especial en centrales hidroeléctricas. El proyecto tomó el nombre del vecino monte Kárahnjúkar y posee un total de 9 represas, 3 embalses, 7 canales y 16 túneles.

Garganta de Kárahnjúkar, final de la presa y reservorio de la central hidroeléctrica Kárahnjúkar en Islandia.

Entrada de uno de los túneles de la represa.

LOS NÚMEROS DEL PROYECTO Y SU ENVERGADURA

Represa Kárahnjúkar	
Altura máxima (m)	193
Longitud (m)	730
Volumen de relleno de materiales (m³)	8.500.000

Embalse Hálslón	
Área (km²)	57
Longitud (km)	25
Almacenamiento (m³)	2.100.000
Nivel de suministro completo (msnm)	625
Nivel mínimo de operación (msnm)	575
Área de captación (km²)	1,806
Promedio de afluencia (m³/s)	107

Túneles principales (km)	~ 72
Desde Hálslón (diámetro: 7,2 – 7,6 m) (km)	39,7
Desde Ufsarlón (diámetro: 6,5m) (km)	13,3
3 entradas (diámetro: 7,2 – 7,6 m) (km)	6,9
2 túneles de desviación a represa (km)	2,4
2 túneles de desviación Hraunaveita (diámetro: 4,5 m) (km)	3,7
Túneles de salida (diámetro: 9 m) (km)	1,3

Turbinas	Francis, eje vertical
Cantidad	6
Salida nominal por unidad (MW)	115
Capacidad instalada (MW)	690

109

Vista aérea de una parte de la represa de Kárahnjúkar.

ENERGÍA EÓLICA

El parque eólico de Gansu

Los anemoi eran los dioses del viento en la mitología griega y se correspondían con los cuatro puntos cardinales. También aparecía de una manera confusa un dios llamado Eolo, relacionado con el reinado del viento. De allí proviene el nombre de esta energía que, desde la Antigüedad, se utiliza para una gran variedad de tareas, como propulsar naves marinas utilizando velas, moler granos con molinos de viento o extraer el agua de las napas subterráneas. Hoy, además, se emplea para generar energía eléctrica.

Aprovechamiento positivo
de la energía del viento.

114

La energía eólica es la energía
producida por el viento. Como
la mayor parte de las energías
renovables, la eólica tiene su origen en el Sol, ya que entre el 1%
y el 2% de la energía proveniente
de nuestra estrella más cercana
se convierte en viento, debido al
movimiento del aire ocasionado
por el desigual calentamiento de
la superficie terrestre. La energía primaria proveniente del
viento se explota gracias a grandes estructuras llamadas aerogeneradores, instalados en parques o granjas eólicas donde
existen corrientes constantes
de vientos fuertes. La energía
del viento surge de las masas
de aire que se desplazan desde
zonas de alta presión atmosfé-
rica hacia zonas de menor presión, con una velocidad relacionada con el gradiente de la presión. Estas masas de aire, que
llamamos vientos, se generan
debido al calentamiento no uniforme de la superficie terrestre
por la radiación solar. En teoría,
la energía eólica permitiría aten-
der sobradamente las necesidades energéticas del planeta.

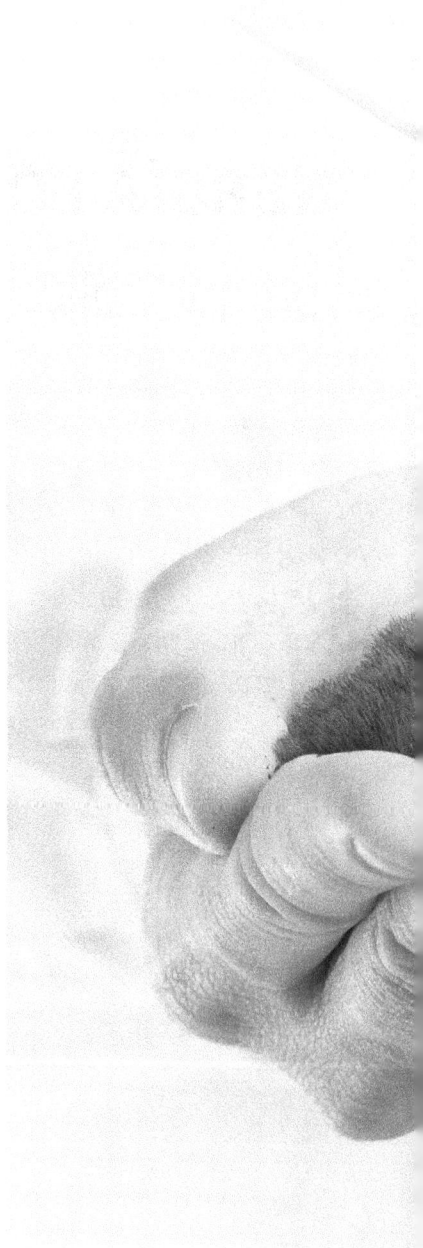

Durante el día, la superficie terrestre transfiere mayor cantidad de energía solar al aire que la parte acuosa del planeta, por lo cual este se calienta y en consecuencia se expande, por lo que pierde densidad y se eleva. Así, entre el aire frío más bajo y el aire caliente más elevado se produce el movimiento de masas de aire. Estos estudios y conocimientos físicos son muy importantes, ya que, para aprovechar la energía eólica, es fundamental conocer la variación diurna, nocturna y estacional de los vientos, el rango de su velocidad según la altura sobre la superficie, si existen ráfagas y su duración, y los valores máximos en estadísticas de datos en un mínimo de 20 años.

Para poder hacer uso de la energía del viento, es necesario que este tenga una velocidad mínima de aproximadamente 3 m/seg (unos 10 km/h) y que no supere los 25 m/seg (90 km/h). Este rango es un indicador importante y depende del aerogenerador que se vaya a utilizar. Estas corrientes mueven turbinas que generan la energía eléctrica gracias al movimiento de los aerogeneradores.

La generación de energía eólica ha crecido a escala mundial. El estado actual permite su explotación con fiabilidad técnica, rentabilidad económica e impactos ambientales muy poco significativos. Superada ya la fase experimental, se explota en forma industrial, con altos niveles de producción. Los generadores son cada vez más modernos y competitivos, y consiguen producciones muy importantes, con un número reducido de equipos.

117

CÓMO FUNCIONA

La energía eólica se obtiene al convertir el movimiento de rotación de las palas de un aerogenerador en energía eléctrica. Un aerogenerador tiene una turbina que es accionada por la fuerza del viento ejercida sobre las palas del aerogenerador. Sus predecesores fueron los molinos de viento. En las granjas y sectores no urbanizados todavía es común ver molinos, destinados al bombeo de agua desde las napas subterráneas.

Las plantas generadoras se llaman parques o granjas eólicas debido a que allí se instalan decenas de aerogeneradores. Cada uno consta de una torre principal, un sistema de orientación ubicado al final de la torre en su extremo superior, un gabinete de acoplamiento a la red eléctrica en la base de la torre, una góndola que es el armazón donde encontramos los componentes mecánicos del aero y que sirve de base a las palas, y un eje y buje por delante de las palas. Dentro de la góndola encontramos un freno, un multiplicador y el generador.

Famosos molinos de viento en el pueblo de Kinderdijk con flores de tulipán, Países Bajos.

ESQUEMA DE UNA TURBINA EÓLICA

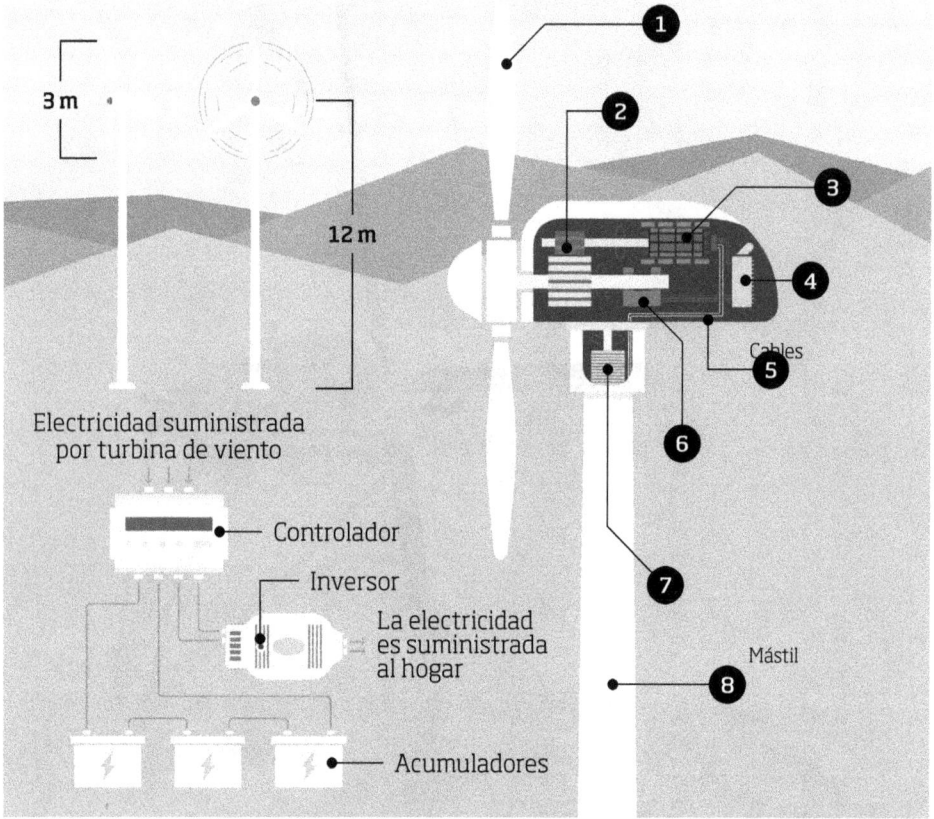

3 m

12 m

Electricidad suministrada
por turbina de viento

1

2

3

4

Cables
5

6

7

Mástil

8

Controlador

Inversor

La electricidad
es suministrada
al hogar

Acumuladores

1. Aspas   **3.** Generador   **6.** Freno

2. Engranaje
de transmisión   **4.** Controlador   **7.** Motor de guiñada

5. Cables   **8.** Mástil

Las palas o álabes están unidos al rotor, que a su vez está conectado al eje que transmite energía de rotación al generador eléctrico a través de un multiplicador de revoluciones. Como vimos, este generador utiliza imanes para generar energía eléctrica.

Un rotor o buje moderno puede llegar a tener un diámetro de 40 a 80 m y producir potencias equivalentes a varios megavatios. La velocidad de rotación está limitada por la velocidad de punta de

Eje lento del rotor y multiplicador para aumentar en 100 veces la velocidad de rotación entregada al generador eléctrico.

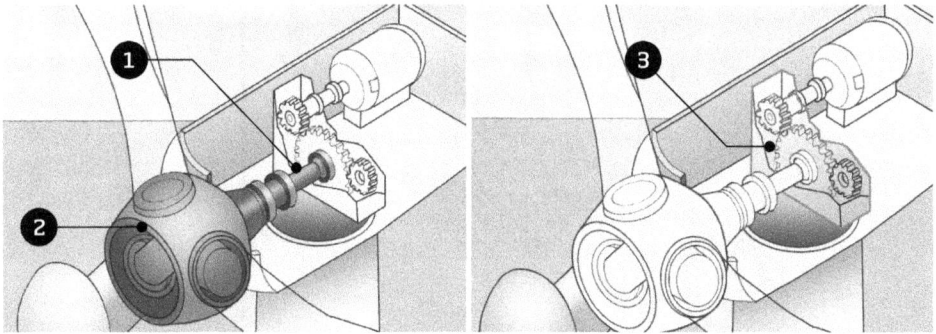

1. Eje lento
2. Buje
3. Multiplicadora

pala, cuyo límite actual se encuentra establecido por criterios acústicos. La góndola aloja los elementos mecánicos y eléctricos (multiplicador, generador, etc.) del aerogenerador. Dentro de la góndola, el multiplicador es el encargado de transformar la baja velocidad de rotación del eje del rotor en alta velocidad de rotación en el eje del generador eléctrico, como se muestra en las ilustraciones.

El corte transversal de las palas es aerodinámico, por lo que se produce un efecto de sustentación con el paso del fluido (masa de aire) que provoca su rotación en el buje o rotor. El movimiento de las palas les permite aumentar su velocidad frente al viento y posicionarse de la mejor manera. Por ejemplo, pueden ponerse paralelas al viento cuando llegan a la velocidad máxima soportada por el aero y deben frenar. El generador produce la energía eléctrica por rotación, y la entrega para ser inyectada en la red de transporte. Este proceso puede parecer simple pero no lo es, ya que requiere la sincronización de todos los generadores del parque para poder inyectar la energía en la red de transporte de forma útil y eficiente. La torre es la encargada de soportar toda la estructura, dar altura al generador, donde los vientos tienen mayor intensidad, y permitir el giro de las palas. En su interior encontramos una escalera que llega a la góndola para facilitar el servicio técnico y el

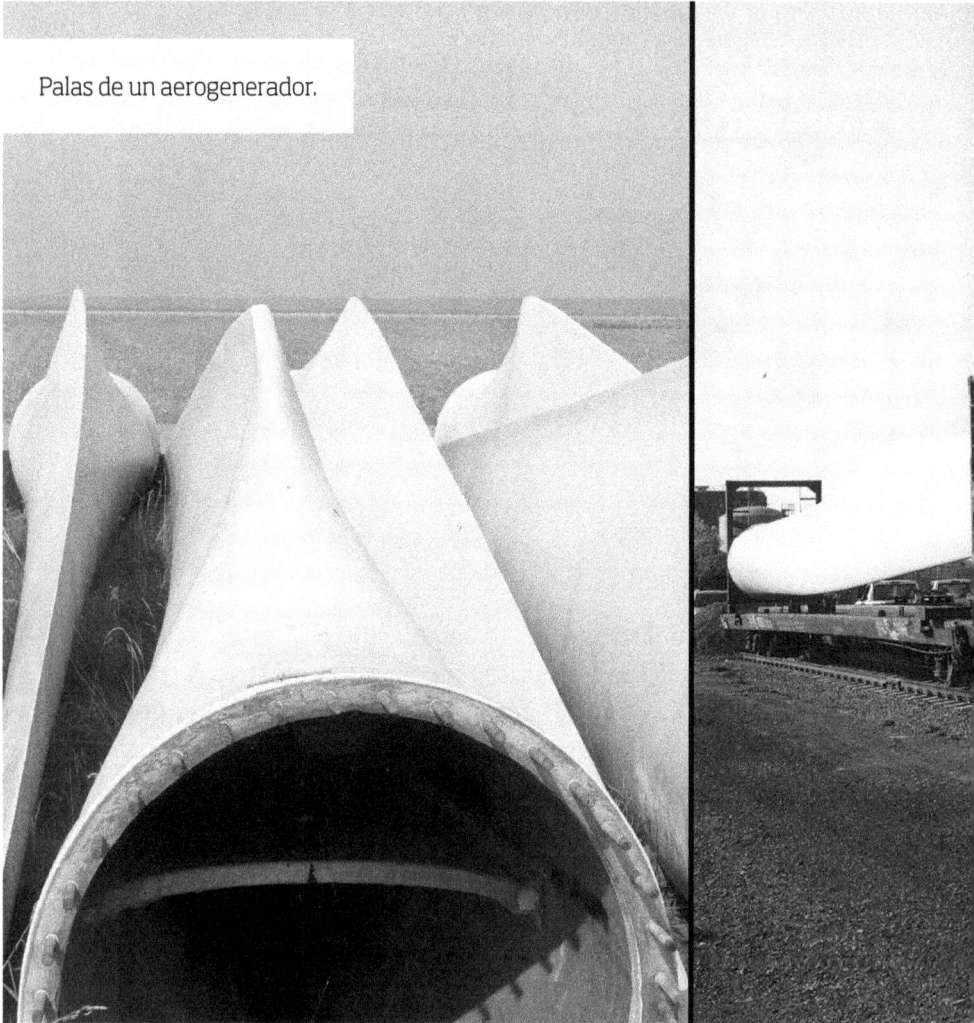

Palas de un aerogenerador.

mantenimiento. Las palas suelen estar compuestas por fibra de vidrio y carbono impregnados de resina epoxi, están cubiertas con una pintura protectora y llegan a medir 60 m de longitud (un avión comercial como el Boeing 737-800 mide 39,5 m).

Un sistema de control opera todo el proceso de manera segura y eficiente, y así monitorea la orientación de la góndola, la velocidad de giro del rotor, la posición de las palas y la potencia total entregada por el equipo. El eje principal del buje o rotor tiene que orientarse hacia el viento para bindar la mejor condición para las palas.

Los aerogeneradores más grandes utilizan un sensor de dirección y velocidad del viento, y se orientan por servomotores o motorreductores. Según su diseño y sus componentes, cada aerogenerador puede llegar a generar entre 3 y 5 MW. Estas granjas o parques eólicos transportan la electricidad producida desde su centro de transformación mediante una línea eléctrica, hasta el usuario final.

En la mayoría de los casos, la velocidad de giro del generador está relacionada con la frecuencia de la red eléctrica a la que se entregará la energía generada (50 o 60 Hz). En general, las palas

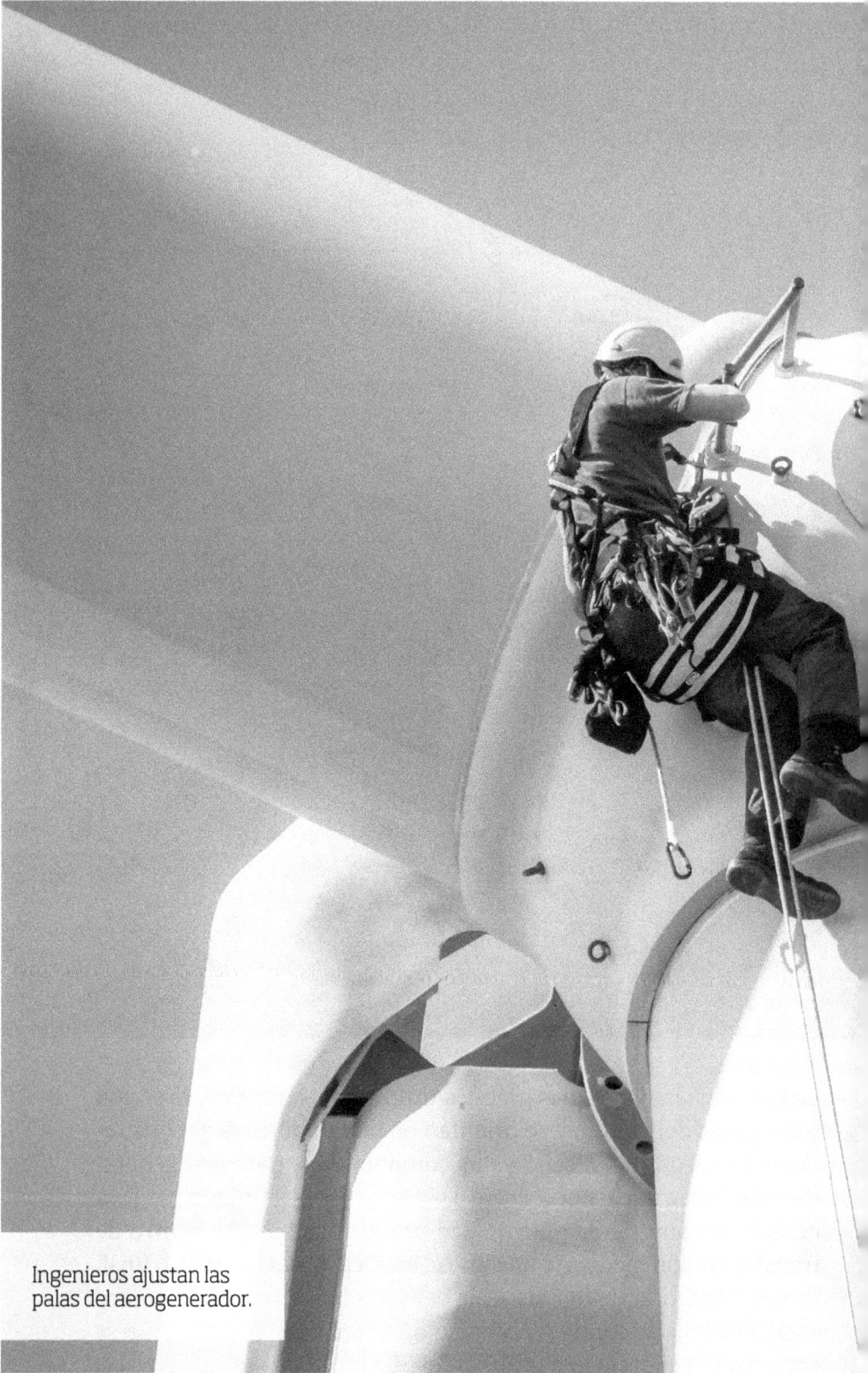
Ingenieros ajustan las palas del aerogenerador.

están colocadas de manera tal que el viento las encuentre antes que a la torre. Esto hace que disminuyan las cargas adicionales que genera la turbulencia de la torre, en caso de que el rotor se ubique detrás de ella. Las palas se montan a una distancia analizada de la torre y tienen alta rigidez, para que que al rotar y vibrar naturalmente no choquen con la torre en caso de vientos fuertes. Además, el rotor suele estar inclinado entre 4 y 6 grados, para evitar el impacto de las palas con la torre.

Este tipo de energía primaria tiene muchas ventajas, además de que es una de las fuentes de energía alternativas al uso de combustibles fósiles. Y si bien parece muy reciente el interés por la energía eólica, ya en 1890 se empezó a generar electricidad a partir del viento. Con los avances tecnológicos en la construcción de turbinas y generadores eólicos, es posible hacer uso de esta energía en grandes ciudades o en forma individual. Las turbinas eólicas tienen un bajo mantenimiento y la mano de obra necesaria luego de instaladas es mínima.

De cualquier manera, también existen desventajas a tener en cuenta al explotar esta energía renovable. El impacto en la fauna local es el primero de ellos. Las grandes turbinas de viento pueden llegar a matar aves, murciélagos e insectos. Especialmente, el problema se agrava cuando se localizan en corredores migratorios, como sucede en ciertas zonas de España o del sur de Latinoamérica. Otro factor a considerar es la poca predicibilidad del clima, ya que, al igual que la energía solar, el viento también depende de las fuerzas de la naturaleza y varía en intensidad, velocidad y dirección. Los aerogeneradores solo funcionan correctamente con ráfagas de viento de entre 10 y 40 km/h; a velocidades menores, la energía no resulta rentable y a mayores supone un riesgo físico para la estructura, por eso es imprescindible elegir correctamente la ubicación de un parque eólico. Por otro lado, el movimiento de las aspas de la turbina provoca sonidos que pueden ser incómodos para los pobladores en la cercanía de las torres. Se trata de sonidos de baja frecuencia, de una medida cercana a los 20 dB. Esto significa que el ruido es prácticamente inaudible, a menos que se esté muy cerca de la torre.

VENTAJAS Y DESVENTAJAS DE LA ENERGÍA EÓLICA

Ventajas	Desventajas
Fuente de energía alternativa	Impacto ambiental
Fuente de energía renovable	Impredictabilidad del clima
Aplicable a baja o gran escala	Requiere sistemas de almacenamiento
Interés económico	Extensiones de tierra muy grandes
Asequible en sitios apartados	Susceptible a daños
No contaminante	Ruidos molestos
Desarrollo tecnológico	Efectos en la salud humana (auditivos)
Instalaciones remotas	Perturbación estética
Bajo mantenimiento	Desafíos tecnológicos

EL PARQUE EÓLICO DE GANSU

En el mundo, la energía eólica instalada creció un 9,6% en 2018, hasta situarse en 591.000 MW, según datos del Global Wind Energy Council (GWEC). China, Estados Unidos, Alemania, India y España son los primeros productores mundiales.

127

Evolución de la potencia instalada en el mundo (en MW), 2018

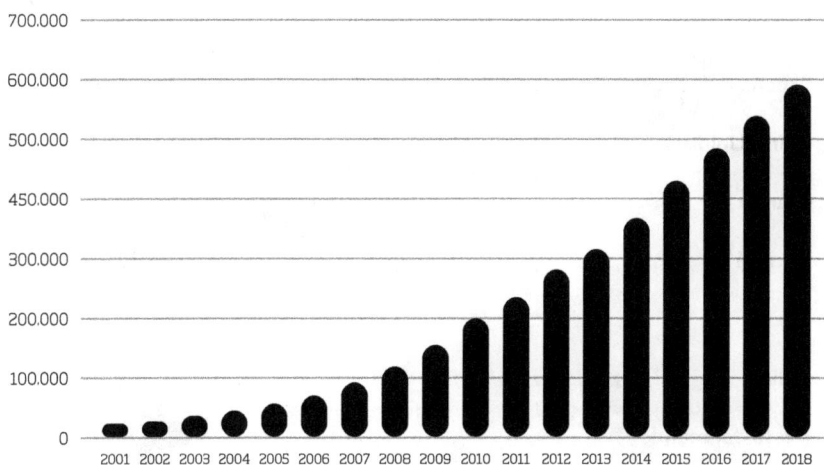

Fuente: GWEC, 2018

Ranking de países europeos por nueva potencia instalada en 2018, *onshore* y *offshore* (en MW)

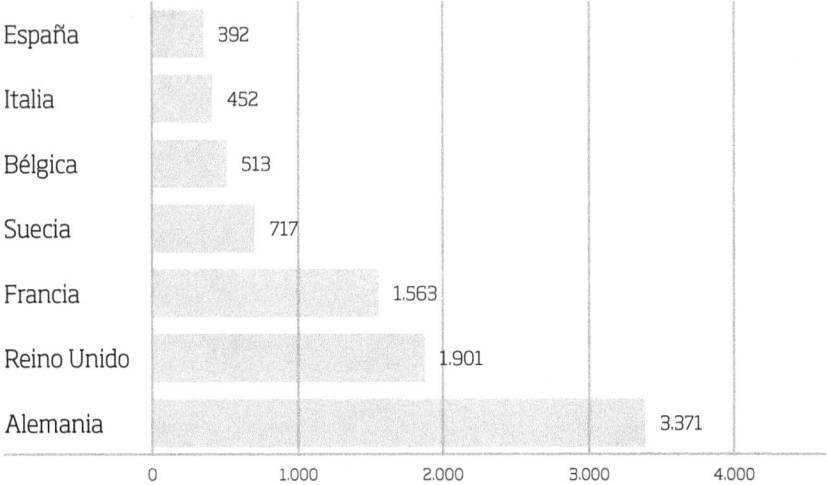

País	MW
España	392
Italia	452
Bélgica	513
Suecia	717
Francia	1.563
Reino Unido	1.901
Alemania	3.371

Fuente: GWEC, 2018

128

Ranking de países por potencia instalada acumulada (en MW)	
China	211.392
Estados Unidos	96.665
Alemania	59.311
India	35.039
España	23.484
Reino Unido	20.970
Francia	15.309
Canadá	12.805
Brasil	14.702
Italia	9.958
Resto del mundo	90.788

Fuente: GWEC, 2018

Estado del mercado. Nuevas instalaciones (en GW)

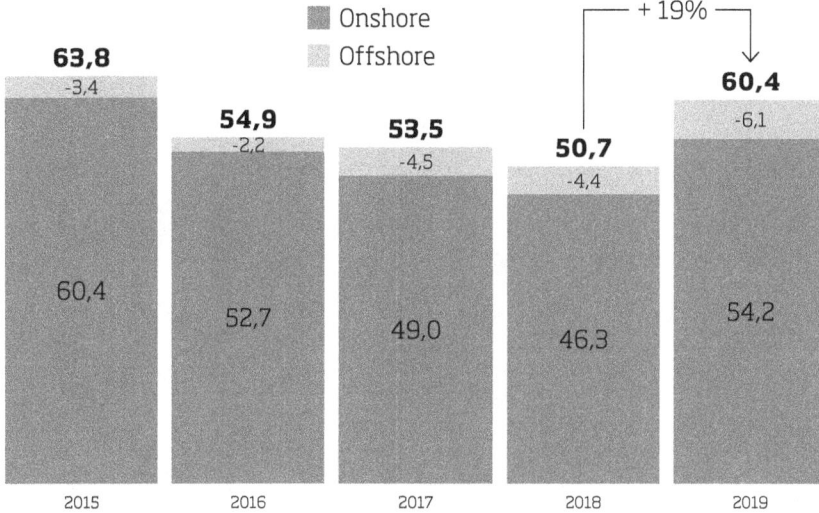

Onshore
Offshore

+ 19%

63,8
-3,4

54,9
-2,2

53,5
-4,5

50,7
-4,4

60,4
-6,1

60,4

52,7

49,0

46,3

54,2

2015 | 2016 | 2017 | 2018 | 2019

Fuente: GWEC, 2019

129

Nueva capacidad instalada

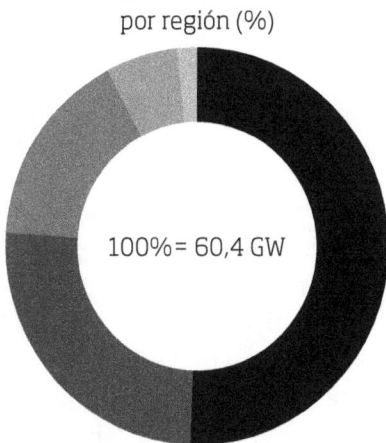

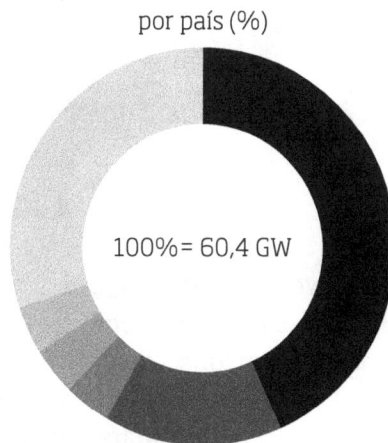

por región (%)

100% = 60,4 GW

■ Asia Pacífico 50,7%
■ Europa 25,5%
■ América del Norte 16,1%
■ América Latina 6,1%
■ África y Medio Oriente 1,6%

por país (%)

100% = 60,4 GW

■ China 43,3%
■ Estados Unidos 15,1%
■ Reino Unido 4%
■ India 3,9%
■ España 3,8%
■ Otros 29,8%

Fuente: GWEC, 2019

Parque eólico en el desierto de Gobi, Gansu, China.

El mayor parque eólico del mundo, a enorme distancia de los demás, se encuentra en Gansu, China. También es conocido como Jiuquan, por una importante ciudad de la provincia donde está emplazado. De hecho, es tan masivo que se extiende por Mongolia Interior, Hebei, Xinjiang, Jiangsu y Shandong. Con una capacidad prevista de 20.000 MW hacia finales de 2020, se ha construido por fases debido a sus dimensiones: se fueron añadiendo más aerogeneradores, a razón de 36 por día.

Su construcción comenzó en 2008, auspiciada por la ley china de energía renovable, de 2005. La primera fase, iniciada en 2009, alcanzó los 3.800 MW y consistió en la puesta en funcionamiento de 18 parques de 200 MW y 2 parques de 100 MW. En marzo de 2012 la

capacidad total instalada se elevó a aproximadamente 6.000 MW, más o menos equivalente a la totalidad de la capacidad de energía eólica del Reino Unido en aquel momento. El proyecto Gansu Wind Farm consta de un total de 100 parques eólicos y contará con aproximadamente 2.700 aerogeneradores a finales de 2020, en una superficie de 1.500 m. Buena parte se encuentra en el desierto de Gobi.

Sin duda, proyectos como este hacen de China el líder en la producción de energía eólica, y se enmarcan en las inversiones que realiza el gigante asiático para disminuir las emisiones de dióxido de carbono. De acuerdo con algunos estudios meteorológicos y financieros, en China hay suficiente viento para satisfacer de forma rentable toda la demanda eléctrica del país hacia 2030.

HACIA UN MUNDO MÁS SUSTENTABLE

Usar energía renovable es dar vida

Hacer mejor y más uso de las energías renovables del planeta nos permite proteger y cuidar nuestro ambiente. Ese del que tomamos cada inspiración, del cual disfrutamos sus paisajes, las bondades del día y la noche, y el ciclo vital de sus estaciones y elementos, como la luz solar y el agua. Ser sustentables, vivir y actuar pensando en la sustentabilidad no solo mejora nuestra propia calidad de vida sino la de las futuras generaciones y la de todas las especies que habitamos este magnífico planeta.

Proteger el ambiente es asegurar una mejor
calidad de vida a las futuras generaciones.

Como vimos, la electricidad es el movimiento de electrones entre átomos, y solo se necesita un equipo atento, involucrado y comprometido para no cortar la cadena y hacer que fluya esa corriente de electrones necesaria para dar vida a tantas cosas de nuestro entorno. En su ciclo de vida, esa energía no se fabrica sino que se transforma, sobre la base de energías que la propia naturaleza nos provee de manera sana, inagotable, natural y renovable.

Definitivamente, podemos concluir que es posible cuidar nuestro planeta aprovechando todo lo que nos da, explotándolo en el mejor sentido de la palabra; no hace falta destruirlo ni dañarlo para mejorar nuestros estándares de vida. La propia generación de la energía eléctrica nos demuestra las ventajas de trabajar en equipo, coordinados.

El comportamiento de respeto y unión con la naturaleza empieza a masificarse y a dar un respiro al planeta, sobre todo en relación con las emanaciones de dióxido de carbono. Próximamente, el respiro también vendrá de los bosques y pulmones verdes que nos brindan la energía vital del oxígeno. Quedan en el tintero energías primarias como la undimotriz, que se obtiene de las mareas y olas de los océanos, y que si bien aún se encuentra en etapa de profundo análisis y experimentación, podrá romper la barrera de costos de las energías renovables aquí analizadas.

Sin duda, cada día es mayor nuestra responsabilidad como guardianes de la Tierra que habitamos y de sus recursos. Los avances tecnológicos tienen que estar al servicio de la sustentabilidad del medio que habitamos y de mejorar nuestras vidas, y hacerlas más sencillas. También deben generar nuevas oportunidades y trabajos, y dejarnos más tiempo libre. Que todo esto se cumpla de la mejor manera posible sigue dependiendo de nosotros, pues seguimos siendo quienes producimos y tomamos los recursos naturales. Por ahora, seguimos teniendo el control en nuestro planeta y podemos seguir dando vida.

GLOSARIO

Aerogenerador. Dispositivo mediante el cual se lleva a cabo la captación de energía eólica para transformarla en alguna otra forma de energía. Constituido por un generador eléctrico unido a un aeromotor que se mueve por impulso del viento.

Álabe. Cada una de las paletas curvas de la turbina que recibe el impulso del fluido (viento).

Alta tensión. Tensión nominal superior a 34.500 voltios.

Amperio. Unidad de intensidad de la corriente eléctrica del Sistema Internacional. Su símbolo es «A». Equivale a la intensidad de una corriente eléctrica constante al fluir por dos conductos paralelos en ciertas condiciones específicas. Debe su nombre al físico André-Marie Ampère.

Baja tensión. Suministros con tensión inferior a 1.000 V.

Bobina. Rollo de hilo o cable conductor con su superficie lateral aislada eléctricamente.

Célula fotovoltaica. Dispositivo, normalmente a base de silicio, que permite la transformación de la energía por radiación solar en electricidad.

Central eléctrica. Instalación donde se efectúa la transformación de energía primaria en energía eléctrica.

Central electrosolar. Instalación donde se produce electricidad a partir de la radiación solar.

Central eólica. Instalación en la que se produce electricidad a partir de la energía del viento.

Central hidroeléctrica. Instalación donde se obtiene electricidad a partir de energía potencial o cinética del agua.

Conducción. Transferencia térmica por contacto entre dos objetos. El calor fluirá a través del objeto de mayor temperatura hacia el de menor, buscando alcanzar el equilibrio térmico (ambos objetos a la misma temperatura).

Consumo. Es el número de kilovatios por hora utilizados por un hogar o negocio durante un tiempo, normalmente mensual o bimensual.

Convección. Transferencia térmica que tiene lugar en líquidos y gases. Se produce cuando las partes más calientes de un fluido ascienden hacia las zonas más frías, y así transmite el calor hacía las zonas frías. Al aumentar de temperatura, los líquidos y gases disminuyen de densidad, lo que provoca la ascensión.

Energía del mar. Las mareas, las olas y las diferencias de temperatura (gradientes térmicos) de las masas de agua sin tres tipos de fenómenos derivados de la acción del Sol y la Luna sobre nuestro planeta, y pueden ser aprovechados para obtener energía del mar.

Energía primaria. Energía contenida en los combustibles crudos y otras formas de energía disponible en la naturaleza antes de ser convertida o transformada. Mediante distintos procesos de conversión, se transforman en formas de energía más adecuadas, como la energía eléctrica y combustibles más limpios.

Energía solar fotovoltaica. Energía basada en la incidencia de la luz sobre materiales semiconductores que genera un flujo de electrones en el interior de estos materiales y una diferencia de potencial que puede ser aprovechada. La unidad base es la célula fotovoltaica.

Energía solar térmica. Energía del Sol que, al ser interceptada por una superficie absorbente, se degrada y aparece el efecto térmico. Se utilizan colectores planos vidriados que también se emplean en el calentamiento de viviendas y en usos industriales y agropecuarios.

GW. Gigavatio, unidad de potencia en el Sistema Internacional equivalente a mil millones de vatios.

Impacto ambiental. Cambio, temporal o espacial, provocado en el ambiente por la actividad humana.

kWh. Kilovatios hora. Unidad de energía eléctrica utilizada para medir el consumo de energía. Expresa la energía que desarrolla un equipo generador de 1.000 vatios de potencia durante una hora, o que consume un equipo consumidor de la misma potencia en igual período de tiempo.

MW. Símbolo del megavatio. Unidad de potencia eléctrica que equivale a un millón de vatios.

Ohmio. El ohmio, u ohm, es la unidad de la resistencia eléctrica en el Sistema Internacional de Unidades. Su nombre proviene del apellido del físico alemán Georg Simon Ohm, autor de la ley de Ohm. Se define como la resistencia eléctrica que existe entre dos puntos de un conductor con una diferencia de potencial constante de 1 voltio aplicada entre extremos y se produce una corriente de intensidad de 1 amperio.

Radiación. La transferencia de calor por radiación no necesita el contacto de la fuente de calor con el objeto que se desea calentar. A diferencia de la conducción y de la convección, no precisa de materia para calentar, ya que el calor es emitido por un cuerpo debido a su temperatura.

Resistencia eléctrica. Es la oposición que ofrece un cuerpo o material a un flujo de corriente que intente pasar a través de él.

Subestación. Conjunto de equipos, incluido cualquier recinto, necesarios para la transformación, conversión o regulación de energía eléctrica.

Transformador. Equipamiento que utiliza el acoplamiento magnético entre algunas de sus partes para entregar energía eléctrica con tensión igual o distinta de la que la recibe.

Voltio. Unidad de tensión eléctrica. Es la diferencia de potencial que debe de existir entre los extremos de una resistencia de 1 ohmio para que circule por ella una corriente de 1 amperio de intensidad. Su símbolo es «V».

W. Símbolo del vatio. Es la unidad que expresa la potencia en el Sistema Internacional de Unidades y equivale a 1 ohmio multiplicado por amperio al cuadrado.

BIBLIOGRAFÍA RECOMENDADA

- Asociación Empresarial Eólica. **La energía eólica** [www.aeeolica.org].

- Clarín. **La fuerza del viento** [https://bit.ly/3fIPWHc].

- Danish Wind Industry Association. **Recursos eólicos** [https://bit.ly/2WwjH6w].

- Energias renovables. **El periodismo de las energías limpias** [www.energias-renovables.com].

- Factor energía. **Por fin hay otra luz** [www.factorenergia.com/es].

- Khan Academy. **¿Qué es la conservación de la energía?** [https://bit.ly/3fFZbYM].

- Organización de energía solar. **La energía solar** [www.laenergiasolar.org].

- Patagonia Energia SA (Grupo Lago Escondido). **¿Cómo funciona una central hidroeléctrica y cómo genera energía?** Comunicaciones Lago [https://youtu.be/hw5z4zSA4ZY].

- SISGEO, Italy. **Proyecto Hidroeléctrico Karahnjukar** (Islandia) [https://bit.ly/2Wynz7c].

- SISGEO, Italy. **Karanijukar Hydroelectric Projectr - Iceland** [https://bit.ly/2ZGGzm7].

- Twenergy. **Guía para construir tus propios paneles solares caseros, paso a paso** [https://bit.ly/32xYUmU].

- Webuild, Italy [www.webuildgroup.com/en].

TÍTULOS DE LA COLECCIÓN

www.ingramcontent.com/pod-product-compliance
Lightning Source LLC
Chambersburg PA
CBHW062007200326
41519CB00017B/4709